KB122126

깃털 달린 여행자

깃털 달린 ✳ 여행자

멜리사 마인츠 지음
김숲 옮김
박진영 감수

가지
KINDS
BOOK

날고 뛰고 헤엄쳐서

대륙을 건너는 세계의 철새들

일러두기

특정한 새 이름이 등장할 때마다 국명과 학명을 함께 표기했다. 국내에 아직 정식 명칭이 없는 경우 감수자 의견에 따라 적절한 한글 이름을 붙여 기재하고 원문에 적힌 영어 이름을 미주에 밝혀두었다. 또한 한국적 상황에 맞춰 글을 고치거나 더한 부분에 관해서도 미주에 내용과 이유를 밝혀두었다.

목차

꼬까울새[1]
Erithacus rubecula

들어가는 말

나는 늘 새를 사랑했다. 미시간주 북부에서 어린 시절을 보낼 때부터 꾸준히 새들의 주기적인 이동을 주시했다. 특히 주를 대표하는 새이자 우리집 정원에도 자주 찾아왔던 미국지빠귀[2](Turdus migratorius)는 눈 내리는 시기에 맞춰 이주를 했는데, 눈이 쌓이기 시작하면 여정을 떠나 봄까지 돌아오지 않았다.

어른이 되어 집을 떠나서는 더 많은 새를 발견하고 새들의 다양한 행동을 이해하게 되었다. 대학교 1학년 때 나는 황로(Bubulcus ibis)와 처음 마주쳤고, 이전에 살던 아파트 발코니에 찾아온 아메리카제비꼬리솔개(Elanoides forficatus)를 사랑하게 되었으며, 처음으로 마련한 내 집에 새 모이통을 설치해서는 푸른머리멧새[3](Passerina amoena)가 찾아오는 걸 반기곤 했다.
그들 덕분에 나는 새라는 생명체에 대해, 그리고 새가 어떻게 움직이는지에 대해 더 잘 이해하게 되었고, 홀로 여행을 다니기 시작하면서 새의 이주 행동과 여정에 관해 더 많은 것을 보고 배웠다.

운이 좋게도 나는 자주 광범위한 지역으로 여행을 다녔다. 매달 다양한 교통수단을 이용해 여행을 떠났는데 내 나라뿐 아니라 저 멀리 떨어진 태평양의 섬, 카리브해 지역, 중동, 중앙아메리카와 유럽까지 이동했다. 유타주에 있는 나무가 빽빽한 계곡 옆에서 하품을 하던 검독수리(Aquila chrysaetos)부터 하와이의 툭 튀어나온 절벽에서 내 머리 바로 몇 미터 위로 평화롭게 활공해 오던 검은등알바트로스(Phoebastria immutabilis)[4]까지, 여행하는 동안 말 그대로 깜짝 놀랄 만한 새를 여럿 목격했다. 홍해에서 이스라엘까지 북쪽 방향으로 날아가는 노랑부리저어새(Platalea leucorodia)를 내 눈으로 처음 보았던 순간과 피렌체 외각의 오토그릴에서 본 이탈리아참새(Passer *italiae*)를 지금도 잊지 못한다.

책을 쓰면서 나는 이주하는 새들의 여정을 더 깊숙이 들여다볼 기회를 얻었다. 내가 여행을 하며 때때로 경로를 바꾸거나 계획을 수정해야 했던 것처럼 새들은 어떻게 저마다의 다양한 여정에 적응해왔는지, 그리고 새의 이주가 나의 어릴 적 단순한 생각처럼 계절마다 북쪽에서 남쪽으로 이동하는 움직임 그 이상이라는 것을 깨닫게 되었다.
또 나의 비행기 편이 취소되거나 여행 일정이 바뀌고 날씨가 나빠지는 일쯤은 새들이 이주하는 동안에 맞닥뜨릴 위험과 그 뒤에 따라올 여러 어려움에 비하면 아무것도 아니라는 사실도 알게 되었다.

내게 바람이 있다면, 독자들이 부디 이 책을 통해 멋진 새를 만나러 가는 여정에 영감을 얻을 뿐만 아니라 모든 새들이 안전하게 이주할 수 있도록 지구 곳곳에서 조력자가 되어주었으면 하는 것이다.
우리는 세계 어디에서든 이 책에 등장한 새들의 일부를 만날 수 있으며 일 년 내내 그들의 놀라운 움직임을 관찰할 수 있다. 그 기회를 더 많은 사람이 누리게 되기를 진심으로 바란다.

자, 이제 함께 하늘로 날아오를 시간이다.

♂ 검은등알바트로스
Phoebastria immutabilis

이주하는 새들

'이주(migration. 이 책의 원제)'를 간단하게 말하면 움직임이라 할 수 있지만 사실은 그 이상이다.

새들은 항상 움직인다. 먹이를 구하거나 물이 있는 곳을 찾아가거나 둥지 재료를 모으거나, 혹은 포식자로부터 도망치거나 불청객을 쫓아내거나 하는 등의 다양한 목적에 따라 언제 어디서든 날아다닌다. 구애를 하거나 다른 새들에게 자신의 힘을 과시하기 위해 독특한 몸짓으로 날기도 한다. 제비(*Hirundo rustica*)는 날면서 물을 마실 수 있고, 매(*Falco peregrinus*)처럼 사냥할 때 하늘에서 엄청나게 멋진 급강하와 곡예 비행을 하는 종류도 있다. 이런 비행 모두 아름답고 우아한 움직임이지만 그것을 이주라 부르진 않는다.

이주라는 단어는 라틴어 'migratus'에서 유래했는데, 단순한 움직임이 아니라 엄청난 지리적 변화를 내포하는 말이다. 새들의 세상에서는 무리 전체가 반영구적으로 계절에 따라 다른 지역으로 옮겨가는 현상, 즉 철새의 여정을 일컬어 흔히 '이주한다'고 표현한다. 그 이동이 얼마나 오래 지속되는지, 얼마나 자주, 얼마나 멀리까지 가는지는 새의 종류에 따라 매우 다양하다.

전 세계에는 약 1만여 종의 새가 있으며[5] 그중 절반 이상은 어느 정도 이주를 한다고 본다. 그러니 대략 계산해도 5000가지가 넘는 이주 형태가 있을 수 있으며, 그중에 어떤 새도 정확히 같은 경로로, 정확히 같은 시기에, 정확히 같은 목적지를 향해 가진 않는다는 점에서 이주 경로는 헤아릴 수 없이 다양해진다.

새의 이주에 대한 연구

인류는 3000년 넘게 새의 이주에 마음을 빼앗겼다. 그리고 이를 처음 발견한 이후로 내내 새들의 주기적인 여정을 연구해왔다.

새의 이주는 고대 폴리네시아 전설의 일부인 동시에 구약성서에도 기록돼 있다. 호머, 아리스토텔레스, 가이우스 플리니우스 세쿤두스를 비롯한 여러 그리스 로마 시대의 학자들도 새의 이주를 연구했다. 고대 이집트의 그림과 조각품에서도 쇠기러기(Anser albifrons)와 같이 무리를 지어 날아가는 새들의 모습을 묘사한 흔적을 찾아볼 수 있다.

오늘날 전 세계 박물학자와 조류학자들도 여전히 새의 이주를 연구한다. 최근 수백 년 간의 관찰과 추론을 통해 우리는 새들의 움직임에 관해 많이 알게 됐지만 전부를 이해한 것은 아니다. 새들의 이주 행동은 오늘날까지도 탐조를 하는 사람과 탐조를 하지 않는 사람 모두를 매료시키고 경외감을 느끼게 하며 영감을 주는, 실로 신비하고 놀라운 광경이다.

제비
Hirundo rustica

극제비갈매기 ♂♀
Sterna paradisaea

이주 형태:
계절성, 위도 이주

의심할 여지없이 극제비갈매기는 지구에서 가장 멀리까지 이동한 기록을 보유하고 있다. 이 끈기 넘치는 여행자는 지구의 한쪽 극지방에서 다른 극지방으로 최소 왕복 4만 킬로미터에서 7만2000킬로미터를 이동한다. 그 시작과 끝 지점이 어디인지, 그리고 그 길이를 직선거리로 재는지 혹은 우세한 기류를 타고 이동한 새들의 구불구불한 경로를 모두 따라서 측정하는지에 따라 총거리는 달라진다.

이 엄청난 비행으로 극제비갈매기는 일 년에 여름을

두 번 즐길 수 있다. 한 번은 북극에서, 한 번은 남극에서 말이다. 그 덕분에 매년 지구상의 어떤 생명체보다 많은 햇볕을 쬔다. 그러나, 그보다 훨씬 더 인상적인 부분은 극제비갈매기의 긴 수명(25~30년)을 고려할 때 한 마리가 평생 이동하는 거리가 얼추 100만 킬로미터를 넘는다는 사실이다. 이는 지구와 달 사이를 거의 세 번 오가는 것과 맞먹는 거리다.

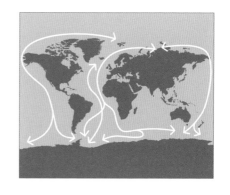

새가 이주하는 이유

도대체 새들은 왜 이렇게 무모하고 놀라운 여정을 떠나는 걸까? 사람들처럼 새로운 직업을 찾거나 종교적 박해나 정치적으로 혼란한 상황으로부터 탈출하기 위해서, 혹은 새로운 장소와 문화를 경험하는 즐거움을 맛보기 위해서 여정을 시작하는 새는 없다.

사실 새들에게 이주는 선택사항이 아니다. 이주를 위해 계산을 하지도 않는다. 이주는 그야말로 생존을 위한 본능적 행동이며, 새들은 저항할 수 없는 힘에 이끌려 각자의 여정을 시작한다. 이런 본능을 일으키는 두 가지 주된 요인으로 먹이와 번식을 꼽는다.

열대 지역에는 새들의 먹이가 일 년 내내 풍족하다. 화수분처럼 탄생하는 곤충부터 과즙이 흐르는 과일, 꿀을 가득 머금은 꽃, 그리고 도마뱀, 양서류, 작은 포유류, 물고기 같은 먹이까지 말이다. 하지만 이런 장소는 같은 자원을 두고 경쟁하는 많은 새들과 여러 야생동물의 거처이기도 해서 경쟁과 위험이 크다. 따라서 많은 철새는 가장 풍족한 먹이를 필요로 하는 시기, 즉 육추(알에서 깨어난 새끼를 키우는 시기)에 앞서 심한 먹이 경쟁을 피해 다른 여러 지역으로 퍼져 나간다.

숲, 초원, 툰드라 같은 중·고위도 지역에 펼쳐진 새들의 서식지는 먹이가 풍족했다가 부족해지는 주기가 뚜렷이 반복된다. 봄에는 나무의 눈이 부풀어 오르고, 꽃망울이 터지고, 곤충들도 알에서 깨어나 먹이 자원이 풍부해진다. 이 시기가 바로 철새가 풍부한 먹이를 찾아 이주해 오는 시기다. 새들은 둥지를 틀고 새끼를 기르기에 충분할 만큼의 먹이가 있는 기회의 땅을 찾아서 온다.

먹이가 풍부하면 새들은 몸집이 큰 새끼를 여럿 길러낼 수 있고 그중에 더 많은 새끼들이 성조로 자랄 가능성이 있다.

봄에 일시적으로 늘어난 먹이는 여름 동안 계속해서 늘어난다. 씨앗, 곡식, 과일, 베리류와 견과류가 익어가고 그 덕분에 새를 포함한 많은 야생동물이 살아갈 수 있다. 이렇게 먹이가 풍족한 시기에 알에서 깨어난 새끼들은 만족할 때까지 왕성하게 먹이를 먹을 수 있으며, 이 시기에 새들의 개체수는 최고점을 찍는다.

하지만 이런 지역은 늦가을과 겨울이 되면 다시 황폐해져 다음 해 봄이 오기 전까지는 내내 먹이가 부족하다. 그래서 먹이가 사라지기 시작하면 새들은 다시 이주해온 열대 지방으로 돌아간다. 그곳은 여전히 여러 새들과 야생동물로 북적이겠지만 겨울을 나기에 충분한 먹이가 있을 것이다.

이처럼 먹이를 찾아 반복되는 철새의 여정은 쉽게 이해할 수 있다. 하지만 조금 납득하기 어려운 부분은 왜 새들이 번식 때문에 굳이 먼 곳까지 이주를 하는가이다. 대부분의 어미새는 새끼가 스스로 먹이를 찾을 수 있게 되면 바로 독립시킨다. 많은 부모 새들이 자식보다 먼저 이주를 시작해 새끼 새들이 어떤 도움이나 안내도 없이 위험천만한 첫 이주를 감행하도록 내버려둔다. 어린 새들이 이런 혹독한 신고식을 치르고도 살아남을 수 있는 것은 다행이도 먹이가 풍족한 환경에서 건강하게 길러졌기 때문이다.

어려서부터 혼자 힘으로 이주하는 새들

어린 자식과 함께 문밖을 나서는 일이 하나의 도전이라는 사실을 모르는 부모는 없다. 하지만 만약 같이 밖으로 나서야 하는 자식이 한둘이 아닌 넷, 다섯 혹은 그보다 훨씬 많다면 어떨까? 그리고 그 외출이 몇 분이나 몇 시간 정도가 아니라 며칠 혹은 몇 주, 심지어 몇 달이 걸릴 일이라면? 단지 슈퍼마켓에 가거나 친척 집에 가거나 휴가를 떠나는 것이 아니라 일 년에 두 번 완전히 다른 지역으로 온 가족이 이주를 하는 것이라면?

이런 부담스러운 여정은 새끼가 태어난 지 단 몇 주 만에 대부분의 철새가 겪는 일이다. 일부 종들은 새끼를 보호하며 가족 단위로 무리 지어 이동하기도 하지만 대부분은 위험천만하게도 새끼들이 혼자 힘으로 첫 여정을 마주하도록 내버려두고 먼저 떠난다.

부모와 새끼가 각기 다른 시기에 이주하는 방식을 택하는 새는 흔히 알려진 것보다 많다. 사실 나이와 경험에 따라 달리 이주하는 새는 수백 종에 달하는데, 성조들은 대부분 경험이 별로 없는 어린 새보다 훨씬 빠르고 효과적으로 이주할 수 있기 때문이다. 아래는 나이에 따라 다르게 이주한다고 알려진 새의 일부 목록이다.

- 검은머리솔새(*Setophaga striata*)
- 뻐꾸기(*Cuculus canorus*)
- 물총새(*Alcedo atthis*)
- 회색흉내지빠귀(*Dumetella carolinensis*)
- 붉은관상모솔새(*Regulus calendula*)
- 적갈색벌새[6](*Selasphorus rufus*)
- 초원멧새(*Passerculus sandwichensis*)
- 붉은뺨도요(*Calidris mauri*)

뻐꾸기
Cuculus canorus

새의 나이와 성별을 가늠하는 일이 어렵기 때문에 수많은 종 가운데
나이에 따라 다르게 이주하는 새들의 목록이 잘 기록돼 있진 않지만
주로 작고 맑은 소리로 우는 명금류가 이런 방식을 취한다고 알려져 있다.
뻐꾸기처럼 탁란(다른 새의 둥지에 알을 낳아 다른 종이 새끼를 기르도록 하는 일)을
하는 새도 스스로 새끼를 양육하지 않으니 따로 이주하는 종에 포함시킬
수 있다. 이렇게 홀로 이주하는 새들은 대부분 육추 기간이 지나면 가족
단위로 생활하지 않고 성조가 어린 개체보다 빨리 이주를 시작한다.

성조는 이주를 시작하기 훨씬 전부터 소화계가 완전히 발달해 있고,
긴 여정에 연료로 쓸 살을 찌우기 위해 최상의 먹이를 구할 지식도 갖고
있다. 반대로 어린 개체들은 살이 느리게 붙으며 이주를 위해 효율적인
먹이를 찾아 먹지도 못한다.

성조는 이주의 목적지, 즉 육추를 할 장소나 겨울을 날 장소에 일찍
도착하는 것이 무엇보다 중요하다는 사실을 경험상 안다. 그래야 먹이가
풍부하고 안전한 곳을 경쟁자보다 먼저 차지해 최고의 배우자를 유혹할
수 있기 때문이다. 어린 새들은 그런 경험이 없기에 이 기념비적인 여정을
서두르지 않는다. 일단 이주를 시작하면 성조는 적은 에너지로 더 빨리
이동하기 위해 익숙한 경로에서 이주 거리를 더 줄이려 애쓸 것이고,
어린 새들은 종종 더 먼 거리로 이동하게 된다. 성조는 종종 일어나는
바람의 이상한 흐름, 심각한 폭풍우, 그밖에 다른 예상치 못한 날씨에서
살아남을 수 있는 경험이 많이 쌓여 있지만 어린 새들은 그렇지 못하기
때문이다.

철새의 사망률, 특히 어린 새의 사망률은 높다. 하지만 그들 중에서도 가장
강하고 적응력이 좋은 개체들은 첫 여정을 성공적으로 마치고, 이후로는
매년 봄이면 육추하는 장소로 돌아와 새끼를 낳고 기른 다음
제 부모가 그랬던 것처럼 새끼를 홀로 남겨둔 채 이주를 떠날 것이다.

새들이 이주하는 더 많은 이유

이주는 여정 자체로 단순한 여행보다 복잡하지만 그 뒤에 숨은 이유들도 마찬가지로 복잡하다. 철새가 먼 거리를 이동하는 데는 더 풍족한 먹이, 생존에 필수불가결한 번식과 육추 활동 외에도 여러 요인이 영향을 미치는데, 예를 들면 다음과 같은 것들이다.

기후

새들은 제각기 다른 서식지에서 살아남기 위해 다른 깃털을 갖도록 진화했다. 추운 북쪽 지방에 서식하는 새들은 서늘한 날씨에서는 새끼를 기르며 잘 살아가는 반면 열대 지방의 여름 날씨에는 숨이 막힐 것이다. 이들에겐 연약한 새끼들이 알을 깨고 나와 자라기에도 서늘한 북부 지역 날씨가 더 나은 환경이다. 하지만 추위를 잘 견디는 이런 새들도 기온이 너무 떨어질 때는 가혹한 날씨를 피해 짧은 이주를 한다.

포식자

열대 지역에는 다양한 새들과 야생동물이 사는 만큼 새알과 새끼 같은 손쉬운 먹이를 노리는 포식자도 많다. 새들은 이를 피해 더 고립된 지역으로 이주함으로써 연약한 새끼들이 포식자와 마주치지 못하도록 방어한다. 심지어 어떤 새들은 포식자를 만날 위험을 최소화하기 위해 암벽이나 외딴 섬 같이 완전히 동떨어진 지역에서 육추를 하기도 한다.

직접적이진 않지만 이런 작은 요인들도 새의 이주에 영향을 미친다.

에뮤 ♂♀

Dromaius novaehollandiae

이주 형태:
방랑자, 계절성, 위도 이주

새의 이주는 종종 놀라운 비행 능력으로 평가받지만 모든 새가 추진력을 얻기 위해 날개를 사용하는 건 아니다. 에뮤는 날지 않고 가장 멀리까지 이동하는 새다. 최상의 음식과 물을 얻기 위해 호주 전역에 걸쳐 약 500킬로미터를 걸어서 이동하는데 하루 평균 25킬로미터를 간다. 이주하는 동안 짝을 짓거나 소규모 그룹을 이루며, 보통 낮 동안에 먹이 활동을 하면서 이동하는 것으로 알려져 있다. 에뮤들이 이렇게 오랫동안 이동하면서 서식지마다 배출하는 배설물은 식물의 씨앗을 퍼뜨리는 역할을 해 호주 전역에 식물 다양성을 높이는 효과도 있다.

한편 호주 서부에 서식하는 에뮤는 겨울에 남쪽으로 이동하고 여름에는 북쪽으로 향하는 경향이 있는 반면, 동부에 서식하는 에뮤들은 이동 경로가 불규칙하다. 아래 지도에서처럼 에뮤들의 이동 방향과 경로, 거리는 전반적으로 매우 다양하고, 주기적으로 내리는 비와 먹이가 풍부해지는 지역에 따라 크게 달라진다.

물수리 ♂♀

Pandion haliaetus

이주 형태:
계절성, 위도, 방랑자 이주

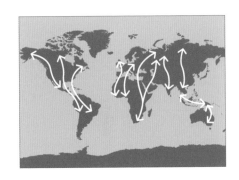

물수리는 극지방을 제외한 전 세계 가장 많은 지역에서 서식하고 번식하는 맹금류로 스칸디나비아반도부터 아프리카까지, 알래스카부터 남아메리카까지, 그리고 몽골부터 인도까지 이주한다. 손가락 모양으로 갈라진 길고 커다란 날개 덕분에 날아가는 모습만으로도 구별하기 쉬워 초보 탐조인도 금방 알아본다. 물수리의 이주 행동은 결코 단순하지 않지만 주의 깊게 관찰한다면 가을에 암컷 성조가 먼저 여정을 떠나고 그 다음으로 수컷, 그리고 어린 개체들이 마지막으로 생애 첫 여정을 떠나는 모습을 차례로 관찰할 수 있다.

물수리는 대체로 고독한 방랑자 타입으로 홀로 이동하며, 여정이 끝날 때까지 30~45일이 걸린다. 어린 물수리는 경험이 많지 않아서 경로를 거꾸로 거슬러 오르거나 비효율적으로 방황하며 이동하는 경우가 있지만 성조들은 단거리 경로를 선택해 빠르게 이주하는 편이다. 봄이 되면 암컷보다 수컷이 영역을 먼저 차지하고 짝을 유혹하기 위해 일찍 이주를 시작한다. 일본[7], 인도네시아, 호주 등 물수리가 텃새로 활동하는 지역에서도 여전히 최상의 먹이를 찾아 어느 정도는 방랑자 생활을 한다.

다양한 이주 유형

자신을 탐조인이라 생각하든 그렇지 않든, 조류학자이든 박물학자이든,
혹은 취미로 가끔 새를 보거나 막 흥미가 생긴 사람이든 간에 철새의
이주가 무엇인지, 그리고 왜 이주를 하는지에 대해서는 대체로 의견이
일치한다. 하지만 이 놀라운 여정에 대한 몇 가지 간단한 질문에
한가지로 답하기는 매우 어렵다.

- 철새는 언제 이주할까?
- 철새는 어느 방향으로 움직일까?
- 철새는 얼마나 멀리까지 이동할까?

'언제'에 대한 질문에 가장 흔한 대답 중 하나는 봄과 가을이다. 하지만
이 대답은 정확하지 않다. 공식적으로 봄과 가을이 시작되는 날인
입춘과 입추는 지구 적도의 태양 고도를 기준으로 삼는데, 새들은
천문학자가 아니다. 새들은 적도면을 계산하지 않으며 그레고리
달력의 정확한 날짜를 따르지 못한다.

사실 철새는 일 년 내내 그리고 매년 움직인다. 주로 머무는 두 개의
서식지, 즉 번식지와 비번식지(월동지) 사이가 멀어서 더 오래 이동해야
하는 철새는 경로가 짧은 철새보다 일찍 여정을 시작해 더 늦게
목적지에 도착한다. 우리는 '봄'과 '가을'이 항상 어떤 날짜와 일치하는
게 아니라는 사실을 안다. 남반구와 북반구의 계절이 정반대라는
사실은 말할 것도 없고 말이다.

이번엔 '방향'에 대해 얘기해보자. 철새는 항상 남북으로 혹은 동서로
이동하지 않던가? 이 질문을 먹이를 쫓아 이주하는 사랑앵무(*Melopsittacus
undulatus*)에게 해보자. 사랑앵무는 호주에서 지역적으로 발생하는

폭풍 전선과 반복적으로 억수같이 내리는 비를 따라 구불구불한 이동 경로를 거쳐 미개척지로 향한다. 보라쇠물닭[8](Porphyrio martinicus) 같이 정상적인 이동 경로를 벗어나 기상천외한 경로를 따라 이주하는 셀 수 없이 많은 미조(迷鳥, 길 잃은 새)들도 있다. 뜸부기류처럼 생기고 깃털 색이 멋진 보라쇠물닭은 북아메리카와 남아메리카에서 쉽게 볼 수 있지만 이주하는 시기가 되면 가끔 아이슬란드, 노르웨이, 심지어 스위스에서도 목격된다.

하지만 이주인지 아닌지를 판단할 때 '거리'는 분명 중요한 요소이지 않을까? 어쨌든 정원 나무에 앉은 새가 모이통까지 방문하며 단거리 비행을 한 것을 두고 이주라고 하진 않으니 말이다. 그러나 이주의 판단 기준이 되는 거리가 딱히 정해지지 않은 것도 사실이다. 극제비갈매기는 북극에서 남극까지 왕복으로 약 4만 킬로미터, 중간에 헤매는 거리까지 포함한다면 거의 7만 킬로미터나 되는 엄청난 거리를 이동한다. 동시에 북아메리카 서부의 높은 산에서 서식하는 추위에 강한 회색잣까마귀[9](Nucifraga columbiana)는 한겨울에는 산꼭대기의 혹독한 추위를 피해 단 수백 미터 아래로 이주해 산허리에서 평화롭게 겨울을 난다.

이처럼 매우 다양한 이주 형태가 있기에 새들의 이주 시기, 방향,
거리 등을 일반화해서 답하기는 어렵다. 한 종에 해당하는 사항이
다른 종에는 그렇지 않을 수 있기 때문이다. 한국에서 탐조를 하는
사람이라면 봄에 한국을 거쳐서 북상하는 통과철새[10]는 3~6월,
여름철새는 4~8월에 주로 볼 수 있고, 번식이 끝나고 남하하는
통과철새는 7~11월, 겨울철새는 10~3월에 주로 볼 수 있다.[11]
이 시기에 특히 이동이 활발하다.

새의 이주를 더 잘 이해하기 위해서는 제각기 다른 여정을 떠나는
새들의 다양한 이주 방식을 살펴보는 것이 중요하다. 새의 이주는 그
요인과 형태에 따라 10여 가지로 분류해 설명할 수 있으며, 언제든지
새로운 방식이 더 발견될 수도 있을 것이다.

계절성 이주

가장 흔하고 익숙하며 예측 가능한 이주 형태다. 봄, 가을 계절 흐름에 따라 먹이 등의 서식지 환경이 변하면서 일어나는 이주로, 새들은 두 개의 주요 서식지 사이를 오가며 생존 활동을 한다. 계절성 이주가 가장 많이 일어나는 때는 여름과 겨울이 무르익어가는 시기다. 이 무렵에 가장 많은 새가 이주를 시작한다.

고도에 따른 이주

고도를 달리하는 이주, 즉 수직으로 이동하는 형태다. 새가 이주를 시작하는 위치의 고도는 상관없다. 고도 간 이동거리는 단 몇 미터부터 몇 킬로미터까지, 심지어 그보다 더 길 수도 있다. 아직은 산악 지역에서 서식하는 새들이 지리적 고도를 이동해 서식지를 옮긴다는

사실이 알려진 것이 전부다. 험준하기로 유명한 알프스산맥에
서식하며 수목한계선 위쪽에서 번식하는 새들이 한겨울에는 대부분
산꼭대기의 혹독한 추위를 피해 고도가 더 낮은 곳으로 이동한다.
이런 새들은 물론 추위를 잘 견디는 체질이지만 산등성이 아래로 짧은
거리만 이동하면 겨우내 악천후를 피해 더 많은 먹이와 온건한 날씨를
누릴 수 있다.

위도에 따른 이주

이주할 때 위도가 다른 북쪽이나 남쪽으로 이동하는 것을 말한다. 계절성 이주가 대개 이런 경로를 따르며, 그밖에 부분적으로 위도 이주를 택하는 경우도 있다. 철새가 이주하는 방향은 보통 다른 방향으로는 갈 수 없도록 가로막힌 해안선, 사막, 산악 지형 같은 지리적 특성에 의해 결정되기도 하는데, 아프리카와 동아시아에 서식하는 새들뿐 아니라 북아메리카와 남아메리카의 수많은 신열대구에 서식하는 새들이 그런 이유로 위도 이주를 택하곤 한다.

경도에 따른 이주

위도에 따른 이주를 90도 회전시킨 것과 같은 형태로, 일반적으로 동에서 서로, 혹은 서에서 동으로 이동한다. 이런 방향성은 지중해, 사하라사막, 알프스와 같이 수많은 새들을 북쪽으로든 남쪽으로든 이주하지 못하도록 가로막는 거대한 지리적 장애물이 있는 유럽과 아프리카 북부에서 가장 흔하게 발생한다.

회색잣까마귀 ♂♀
Nucifraga columbiana

이주 형태:
계절성, 고도, 침입 이주

서식 환경을 바꾸기 위해 꼭 먼 거리를 이동해야 하는 건 아니다. 회색잣까마귀는 고산 지대의 극단적인 서식지에서 약간 고도가 낮은 곳으로 몇 백 미터를 이동하는 것만으로 그 일을 해낸다. 이는 한겨울에 찾아오는 폭풍우와 일시적인 한파를 피해 살아남기 위해 꼭 필요한 선택이다.

회색잣까마귀가 선호하는 서식지는 북아메리카 로키산맥의 수목한계선 끝자락에 있으며, 가장 혹독한 겨울 몇 주 동안은 산 아래로 약간만 내려가서 더 나은 피난처와 먹이를 찾는다. 몇몇 새들은 더 멀리까지 이동하기도 하는데, 특히 주변에 주 먹이인 잣나무 씨앗이 별로 남아 있지 않을 때 다른 곳으로 먹이를 찾아 나선다. 이런 격동적인 해에는 로키산맥에서 멀리 떨어진 일리노이, 미주리, 텍사스, 앨라배마 주에서도 회색잣까마귀를 발견할 수 있다. 한편 씨앗이 더 많이 남아 있는 조금 온건한 겨울에는 새들이 거의 움직이지 않는다.

깃털갈이 이주

성조는 깃털갈이 시기에 가장 취약해진다. 깃털이 눈에 띄게 빠지면 비행 능력이 약해질 수 있기 때문이다. 실제로 미국흰죽지[12](Aythya americana) 같은 오리류를 비롯한 기러기류와 고니류는 깃털갈이 시기에 날개깃이 모두 빠져서 일시적으로 날 수 없는 상태가 된다. 그래서 이런 종들은 깃털이 다 빠지기 전에 더 안전하고 고립된 지역으로 이동하는 '깃털갈이 이주'를 한다. 무리로 이동해 깃털이 다시 자랄 때까지 함께 지내면서 포식자 등의 위험에 공동으로 대처하고, 깃털이 다시 자라 비행 능력이 회복되면 흩어져 각자의 이주를 시작한다.

순환 이주

철새가 이주할 때 항상 같은 길로만 오간다는 이야기는 오해다. 철새는 대부분 일정한 범위 내에서 고리형 경로를 만들어 순환 이주를 하는데, 이는 계절마다 확연하게 다른 경로로 이동한다는 뜻이다. 예를 들어 봄에 뉴질랜드를 출발한 큰뒷부리도요(Limosa lapponica)는 호주로 이동한 후 동아시아를 거쳐 알래스카까지 가지만 가을이 되어 남쪽으로 다시 이동할 때는 태평양을 가로질러 하와이를 지나는 경로를 선택한다(80쪽 지도 참조). 적갈색벌새[13]도 이와 비슷한 순환 경로를 거치는데, 멕시코에서 알래스카까지 북쪽 방향으로 이동하는 봄에는 북아메리카 태평양 연안의 꽃망울이 터지는 해안가를 따라서 이동하고, 늦여름에 남쪽으로 돌아올 때는 산속 목초지에 꽃들이 만개하는 내륙의 산악지대를 따라 이동한다(72쪽 지도 참조).

방랑자 이주

그때그때 최상의 자원을 찾아 이동하는 방랑자 이주는 예측하기
어렵지만 계절적 요소가 다분히 섞여 있다. 방랑자 이주는 혹독한 사막
환경에서 흔하게 볼 수 있는데, 갑작스런 비가 지나간 뒤 하루아침에
물이 많아지고 과일과 꽃에 강력한 생기가 돌며 자라나는 환경적
변화가 주변 지역의 새들을 끌어들인다. 사막도 이렇게 자원이 풍부한
동안에는 새뿐만 아니라 다른 야생동물들에게도 안전하게 번식하고
새끼를 기를 수 있는 기회를 제공한다. 금화조(*Taeniopygia castanotis*),
흑고니(*Cygnus atratus*), 그리폰독수리(*Gyps fulvus*) 같은 새들이 이런 방랑자
이주를 한다.

흑고니 *Cygnus atratus*

사랑앵무 ♂♀
Melopsittacus undulatus

이주 형태:
방랑자 이주

전 세계에서 가장 흔하게 볼 수 있는 앵무새 종류인 사랑앵무는 이주하지 않는 새로 알려져 있지만 엄밀히 따지면 그렇지 않다. 이 작고 알록달록한 새는 대체로 일 년 내내 비슷한 장소에서 눈에 띄지만 그렇다고 항상 같은 곳에 머무르는 건 아니다. 사랑앵무는 장마와 비로 인해 일시적으로 발생하는 자원, 즉 공급과 동시에 얻을 수 있는 깨끗한 물과 풀씨 등을 따라 호주 전역을 돌아다니면서 산다.

먹이와 물이 넘쳐나는 곳이라면 언제 어디서든 새끼

를 낳을 수 있는 사랑앵무는 늘 자원이 풍부한 곳을 찾아 다닌다. 새끼를 낳지 않을 때는 작은 무리를 지어 생활하는 편이지만 환경이 좋은 지역에서는 1만 마리가 넘는 어마어마한 무리를 짓기도 한다. 사랑앵무는 하루에 400킬로미터까지도 이동할 수 있으며, 예리한 시각으로 폭풍우를 몰고 다니는 구름의 뒤를 쫓는다. 그러나 유난히 비가 많이 내리는 해에는 거의 이동하지 않을 수도 있다.

침입 이주

방랑자 이주보다 더욱 예측하기 힘든 것은 침입 이주다. 방랑자
이주는 기상 패턴에 따라 어느 정도 규칙적인 주기를 보이지만, 어느
한 지역에 새들이 갑작스레 늘어나는 침입 이주는 예측이 불가능한
돌발 현상이다. 이 거대한 이주는 먹이 자원과 관련돼 있으며 극지방에
서식하는 새들 사이에서 흔하게 관찰된다. 번식기를 성공적으로 보낸
후 개체수가 불어나 충분한 먹이를 찾으러 더 멀리까지 여정을 떠나야
하는 경우나, 지역에 먹이가 급격하게 줄어들어 새로운 서식지를
찾아나서야 하는 경우에 발생한다. 어떤 경우든 새들은 먹이를
얻기 위해 침입 이주를 한다. 먹이가 어떤 종류이든 그것을 구하기
어려워지면 급작스런 침입 이주를 일으킬 수 있다. 흰죽지솔잣새(*Loxia
leucoptera*)가 주로 먹는 잣나무 씨앗이 줄어드는 일부터 흰올빼미(*Bubo
scandiacus*)의 사냥감 감소까지 그 원인은 다양하다.

표류 이주

표류 이주는 어마어마한 무리의 철새가 어떤 이유로든 표류해 일반적인 이동 경로를 벗어나서 다른 지역에 도착하는 것을 말한다. 예측 가능하지도 않고 주기적으로 반복되지 않기에 보통은 진정한 이주 형태로 분류하지 않는다. 이런 이주는 스칸디나비아에서 폴란드까지, 혹은 독일에서 서쪽으로 영국까지 이동하는 철새 무리에게 강력한 폭풍우가 불어닥쳐 많은 낙오자가 발생하는 것과 같은 특별 상황에서 벌어진다. 목적지에 도달하기 전 탈진하거나 폭풍우에 휩쓸린 새들은 결국 휴식과 재충전을 위해 가까운 해변이나 다른 예상치 못한 서식지 가장자리에 내려앉아 더 많은 시간을 할애하게 된다. 이런 식의 표류 이주는 경험 없는 어린 새들이 익숙치 않은 바람의 흐름에 말려들기 쉬운 가을철에 특히 자주 일어난다.

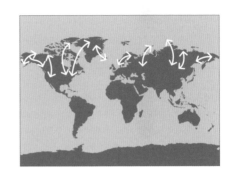

흰올빼미 ♀

Bubo scandiacus

이주 형태:
계절성, 침입 이주

가장 인상적인 올빼미 중 하나인 흰올빼미는 툰드라 지역 최북단에 서식하기에 탐조인들도 실물을 거의 보지 못한다. 흰올빼미는 얼음과 눈이 번식지를 뒤덮는 겨울이 되면 더 많은 먹잇감을 찾아 극지 부근에서 남쪽 방향으로 짧은 거리를 이주한다. 근처에 먹잇감이 풍부할 때는 잘 이동하지 않지만 먹이가 심각하게 부족해지면 원래 분포 지역에서 남쪽으로 수백 킬로미터를 더 이동하는 침입 이주도 감행한다. 그러나 이런 일은 규칙적이지 않아 예측하기 어렵다. 어느 극단적인 해에는 흰올빼미가 버뮤다, 플로리다, 하와이, 프랑스 중부 그리고 아조레스제도가 있는 남쪽까지 꽤나 장거리를 이동했다는 기록도 있다. 흰올빼미의 돌발 행동은 지리적으로도 불규칙하게 나타난다. 만약 어느 한 장소에 흰올빼미가 침입 이주한 것이 목격된다 해도 같은 시기에 전체적인 분포 지역에서는 눈에 띄는 움직임이 없을 수 있다.

뛰어넘기 이주

어떤 철새는 일 년 내내 한 장소에서 서식하는 같은 종의 개체군을 '뛰어넘어' 이동한다. 예를 들어 북부 지역에서 서식하는 철새가 남쪽으로 이동하는 중에 분포권의 중앙에 위치한 같은 종의 텃새나 단거리를 이동하는 철새 무리와 광범위하게 섞이지 않고 대부분의 무리를 뛰어넘어서 이동한다. 무리 중심부의 자원과 환경은 대체로 일 년 내내 서식하는 무리에게 적합하기 때문에 서식지 외곽에 있는 새들은 그 무리를 벗어나 더 나은 지역으로 날아간다. 이런 뛰어넘기 이주는 민물도요(*Calidris alpina*), 검독수리, 인도매사촌(*Hierococcyx varius*)을 포함한 여러 종에서 관찰된다.

분산 이주

의견이 분분한 또 다른 이주 형태인 분산 이주는 새들이 어릴 때 한 번만 겪는 여정이다. 어린 새들이 성숙해 부모가 쭉 서식했던 영역에서 쫓겨나거나 자기만의 영역을 찾아 나설 때에 벌어진다. 이런 새들은 이주 중에 전혀 예상치 못한 장소에서 발견될 수 있다. 모든 새가 생애 단 한 번만 겪는 일이지만 계절적으로는 관찰 시기를 예측할 수 있고 이런 주기적인 예측 가능성과 반복성 때문에 이를 또 다른 형태의 이주로 정의한다.

역방향 이주

철새가 예상했던 것과 반대 방향으로 이동하는 것을 말한다. 겨울에 보통 남쪽으로 이동하던 철새가 갑자기 북쪽으로 향하는 일처럼 말이다. 이런 일은 당연히 실수로 벌어진다. 역방향 이주를 떠난 새는 일반적으로 머물던 서식지에서 매우 먼 곳에 도달해 방랑자 신세가 되는 것으로 여정을 끝마치게 된다. 이런 종류의 우연한 이주들은 아직 완전히 연구되지 않았지만, 역방향 이주의 경우 개별 개체의 일탈 행동으로 빚어진다고 알려져 있으며 아마도 방향 감각이 뒤바뀌어 잘못된 길로 향하게 되는 것 같다. 이 역시 경험 없는 어린 새들에게서 흔히 발생하며, 탐조인들에게는 예상치 못한 곳에서 뜻밖의 새를 만나는 기쁨을 선사한다. 평소 겨울을 나던 서식지인 멕시코가 아니라 캐나다 국경 근처에서 우연히 발견된 진홍저어새(*Platalea ajaja*)처럼 말이다.

한 새가 한 가지 형태의 이주만 하는 건 매우 드문 일이다. '경도에 따른 이주'는 주기적인 '순환 이주'의 방식을 따르는 동시에 '표류 이주'에 휘말릴 가능성도 있다. 또한 철새의 이주 경로 중 대부분은 '경도 이주'(동서 방향 이동)보다 '위도 이주'(남북 방향 이동)에 가깝다. 한편 서식지 상황이 좋지 않은 해에 '침입 이주'를 떠난 새의 새끼 중 하나가 다음 해에는 '역방향 이주'에 휘말려 그 종이 일반적으로 발견되는 장소에서 아주 멀리 떨어진 곳에 '방랑자'로 나타나 탐조인들을 흥분시킬지도 모를 일이다.

이주를 위한 준비

어떤 형태의 이주를 선택하든, 얼마나 멀리까지 가든, 이주 이유가 무엇이든 간에 새들이 이주에 성공하기 위해서는 특별한 준비가 필요하다. 마라톤 선수가 달리기 전에 훈련을 하듯 철새는 중요한 여정을 성공적으로 완수하기 위해 제각기 다른 생리적, 행동적 변화를 겪으며 몸을 준비하도록 진화했다. 이런 몸의 변화는 계절이 변하고 이주할 시기가 다가오면 새들이 일조시간이 달라지는 것을 감지하면서 일어난다.

기나긴 이주 비행을 준비하는 첫 번째 단계는 깃털갈이다. 이 시기에 새로 돋아난 깃털은 서로 부드럽게 달라붙어 유체역학적으로 더 나은 조건을 만든다. 이는 새가 비행할 때 에너지를 더 효과적으로 사용하게 된다는 뜻이다. 새로 난 깃털은 새들이 더 적은 에너지로 더 멀리까지 날아갈 수 있게 도울 뿐 아니라, 공기의 흐름을 더 잘 타도록 비행 능력을 향상시켜 장애물이나 포식자를 재빨리 피할 수 있게 한다.

하지만 가장 효과적으로 비행할 줄 아는 새도 여정에 앞서 몸에 충분한 에너지를 비축하지 않으면 이주에 성공하지 못한다. 이주를 떠나기 몇 주 전부터 달라지는 일조시간은 새의 뇌에서 호르몬이 변하도록 자극해 새들이 포만감을 덜 느끼고 더 많이 먹게 만든다. 이렇게 식욕이 늘어난 상태를 '과식증'이라 하며, 그 덕분에 철새는 살을 엄청나게 찌울 수 있다. 평소 12그램밖에 나가지 않는 흰빰솔새[14](Setophaga striata)는 이주를 위해 몸무게를 두 배 가까이 늘리는데, 이렇게 과도하게 찌운 살은 캐나다와 남아메리카 사이 3200킬로미터 이상의 여정을 날아가는 데 꼭 필요한 연료로 사용된다. 새들은 비행할 때 시간당 몸무게의 1퍼센트를 소모할 수 있다.

극제비갈매기
Sterna paradisaea

몸무게를 늘리는 더 수월한 방법으로 많은 새들이 이주 전에 소화관을 변형시킨다. 소화관을 부풀리면 소화 속도가 빨라져 많은 음식을 어려움 없이 먹을 수 있다. 철새는 여정에 쓸 여분의 지방을 더 잘 저장하기 위해 식단도 영양이 풍부한 먹이로 바꿀 것이다. 예를 들어 곤충을 주로 잡아먹는 솔새류와 딱새류는 이주 시기가 다가오면 다른 무척추동물보다 당 함량이 높은 진딧물을 어마어마하게 잡아먹는다. 솔새류는 당분이 풍부한 식물의 꿀을 섭취하기도 한다. 지중해 근처 올리브 생산지를 지나며 이동하는 노래지빠귀(*Turdus philomelos*)는 이주 시기에 올리브 열매를 주된 먹이로 선택하는데, 불포화지방산 함량이 높은 올리브 열매는 소화가 잘 되고 체내지방으로 쉽게 전환되어 비행 에너지로 오래 사용할 수 있기 때문이다.

새들이 원활한 비행을 위해 몸무게를 너무 많이는 늘리지 않는다는 사실도 중요하다. 철새는 살을 빨리 찌우기 위해 여러 가지 신체적 변화를 겪는 동시에 어떤 부위의 무게는 줄인다. 비행 중에는 쓸모없고 속도를 더디게만 하는 생식기관은 거의 사라질 정도로 줄어들고, 일단 이주를 시작하면 모래주머니, 위, 장, 간을 포함해 확장됐던 소화관도 줄어든다. 더 많이 날고 덜 먹을 때는 불필요한 부위의 무게를 대부분 덜어낸다. 심지어 어떤 철새는 이주하기 전에 다리 근육도 많이 줄인다.

그러나 철새의 몸이 효율적으로 움직이지 않는다면 지방 형태로 저장된 과도한 에너지도 이주 과정에 제대로 쓰이지 못할 수 있다. 그래서 비축한 칼로리를 최대한 사용하기 위해 다른 변화를 겪는 철새도 있다. 예를 들어 붉은가슴도요(*Calidris canutus*)는 이주를 시작하기 전에 심장과 대흉근의 크기를 늘린다. 그 덕분에 번식지인 북극권에서 비번식지인 호주와 뉴질랜드까지의 먼 거리를 힘차게 비행할 수 있다. 큰뒷부리도요 같은 종은 이주하기 전에 혈액 중 적혈구와 헤모글로빈 농도를 늘려 근육에 산소가 더 효과적으로 분배되게 하고 격렬한 비행으로 인한 근육통과 방향상실 증상을 완화시킨다.

신체적으로 놀라운 변화를 겪었다고 해서 이주의 성공이 보장되는 건 아니다. 새들은 여정을 시작하기 며칠 혹은 몇 주 전부터 점점 더 가만히 있지를 못하고 불안해한다. 이런 상태를 이망증(Zugunruhe)이라 하는데, 독일어로 움직임 혹은 이주를 의미하는 'Zug'와 가만히 있지 못함, 불안함을 뜻하는 'Unruhe'가 결합된 단어다. 이주 준비로 인해 몸을 가만히 있지 못하는 상태는 새장 안에 갇혀 이주할 수 없는 새들에게서도 목격된다. 마치 야생의 철새 무리가 이주 전 집결지에 모여 짧은 비행을 하는 것처럼 말이다. 철새들은 길고 위험한 여정을 떠나기에 앞서 날개를 퍼덕이고 껑충껑충 뛰어다니는 등 짧은 비행

연습을 통해 날개 근육을 튼튼히 하고 감각을 더 예민하게 만든다.

철새 한 마리가 매일 먹고 활동하는 과정에서 신체적으로 정확히 어떤 변화를 겪는지는 그 새가 따르게 될 이주 유형과 경로에 따라 달라질 것이다. 단거리 이주를 하는 새는 변화를 덜 겪는 반면, 더 길고 힘든 여정을 떠나는 새일수록 광범위한 변화를 겪을 수밖에 없다.

유럽꺅도요[15] ♂♀
Gallinago media

이주 형태:
계절성, 위도 이주

도요새는 대부분 인적이 드문 지역에서 서식해 목격하기 어렵지만 유럽꺅도요는 기록적인 이주로 탐조 세계에서 유명 인사다. 이 통통한 새는 스칸디나비아와 시베리아에서 출발해 사하라사막 이남의 아프리카까지 48시간 만에 날아가는데 최대속도가 시속 97킬로미터에 달한다. 그보다 더 빠르게 나는 새도 있지만 유럽꺅도요의 비행이 특히나 돋보이는 데는 몇 가지 요인이 있다. 첫째로 이 새의 날개 끝은 뾰족한 유선형이라기보다 상대적으로 뭉툭하게 생겨서 유체역학적으로 최적의 형태가 아니다. 둘째로 이들

은 대개 바람의 도움을 받지 못하면서 난다. 날아가는 경로로 볼 때 그 속도는 순풍에 도움을 받은 덕이라기보다 온전히 자신들의 힘으로 이룬 것이다. 유럽깽도요는 비록 봄에는 돌아가는 길에 여러 번 휴식을 취하며 더 여유롭게 이동하는 편이지만 가을에는 멈추지 않고 남쪽의 목적지까지 곧장 이동한다. 조류학자들은 유럽깽도요가 이토록 놀라운 이주 솜씨를 어떻게 갈고닦았는지를 알아내기 위해 계속해서 연구 중이다.

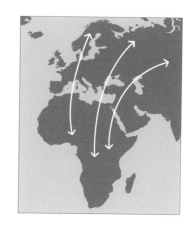

이주 경로

유명한 철새들의 이주 경로를 그린 철새 지도를 만들어보자. 오로지 번식만 하는 번식지와 비번식지 사이를 오가는 철새들의 주요 경로를 뚜렷하게 표시한 세계 지도를 말이다. 그러나 이런 접근의 문제점은 그런 이상적인 경로란 실재하지 않는다는 데 있다. 적어도 지도 한 장으로 나타내기란 불가능하다. 새들마다 이주를 시작하는 장소와 끝내는 장소, 제각기 주기적으로 쉬어가는 장소들은 몇 개의 GPS 좌표나 휴대용 도감의 개요에서처럼 분명하게 단정 짓기 어렵다. 단 한 가지 분명한 것이 있다면, 새들이 국경이나 정치적 경계에는 전혀 관심이 없다는 것이다.

새들이 스스로의 생존 욕구를 채우기에 더 적합한 지역으로 이주하려 한다는 것은 사실이다. 그리고 이런 서식지는 보통 지리적 요건에 영향을 받는다. 산맥, 지구대(지각운동으로 만들어진 넓고 깊은 계곡), 광활한 사막, 거대한 호수나 바다, 빙하, 그밖에도 더 나열할 수 있는 다양한 지리적 장애물이 새의 이주 경로에 거대한 방해 요소로 작용한다. 새들은 종종 이런 장애물을 우회해 날아가야 하고, 그러면서도 몸속 에너지를 보존하며 최상의 상태로 적절한 시기에 목적지에 도달하기 위해 가장 쉬운 경로를 선택할 것이다. 이런 사실들이 합쳐져 새들이 특정 경로를 따라 정해진 지역에서만 날고, 따라서 그런 경로들 사이에는 상대적으로 새가 없는 빈 공간이 있을 것이라는 생각을 하게 한다.

하지만 그것은 사실이 아니다. 철새는 일반적으로 두 서식지 사이 경로 상의 어느 지역으로도 이동할 수 있다. 속도가 빠른 폭풍우, 이르게 찾아온 홍수로 달라진 강바닥, 혹은 산불로 타버린 지역과 같은 작은 변화들이 그동안 새들이 따랐던 경로를 쉽게 바꿔놓는다. 허리케인에

의해 해안선이 바뀌고, 산사태로 육지의 윤곽이 달라지고, 심지어
지진으로 최적의 서식지가 이동했을 수도 있다. 그러면 철새는 이전에
선택했던 서식지와 파악된 경로를 버리고 다른 서식지와 경로를 찾아야
한다. 공기의 흐름, 바람 패턴, 계절에 따른 날씨 변화가 새들의 이주
기간 내내 날아갈 경로에 영향을 미칠 것이다.

철새의 이주 경로에 대한 기본적인 개념은 여전히 타당해 보인다.
그리고 거대한 무리들이 주로 이동하는 경로도 존재한다. 모든
대륙에는 대표적인 철새들이 주로 이동하는 경로가 여럿 있다. 바람의
흐름, 지형, 생존이 걸린 먹이 자원을 감안해 철새가 이동하기에
최선이라고 검증된 경로들 말이다. 새들이 그 경로를 따라 이동해
도착하는 핵심적인 중간기착지는 탐조인들에게 인기가 많다.

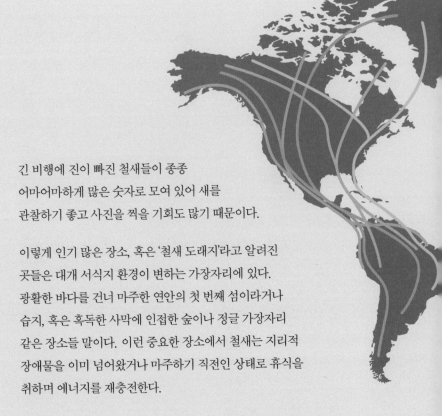

긴 비행에 진이 빠진 철새들이 종종
어마어마하게 많은 숫자로 모여 있어 새를
관찰하기 좋고 사진을 찍을 기회도 많기 때문이다.

이렇게 인기 많은 장소, 혹은 '철새 도래지'라고 알려진
곳들은 대개 서식지 환경이 변하는 가장자리에 있다.
광활한 바다를 건너 마주한 연안의 첫 번째 섬이라거나
습지, 혹은 혹독한 사막에 인접한 숲이나 정글 가장자리
같은 장소들 말이다. 이런 중요한 장소에서 철새는 지리적
장애물을 이미 넘어왔거나 마주하기 직전인 상태로 휴식을
취하며 에너지를 재충전한다.

극소수 지역에서는 지형적인 이유로 여정의 통로가 극단적으로
좁아지는 구간이 생긴다. 그 결과 새들은 좁은 면적에서 무리의 숫자가
말도 안 되게 늘어난 상태로 이동하게 되는데, 이런 병목 구간에서
탐조인들은 눈앞에 펼쳐진 광경을 보고도 믿을 수 없는 압도적 경험을
하게 된다.

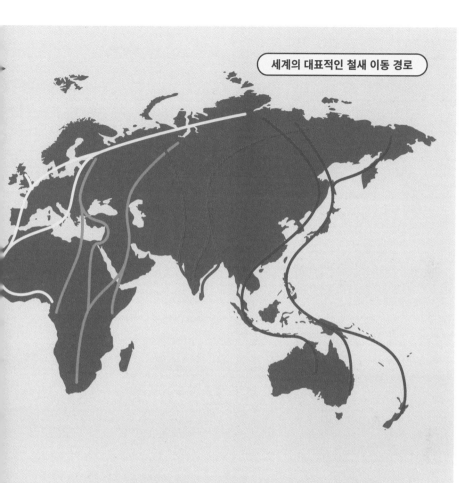
세계의 대표적인 철새 이동 경로

하루에 한자리에서 수리, 독수리, 솔개, 새매 종류를 포함해 맹금류 10여 종을 한꺼번에 만날 수도 있다. 수만 혹은 수십만 정도가 아니라 수백만 마리나 되는 새들이 몰릴 때도 있다. 멕시코의 베라크루스, 파나마의 파나마시티 그리고 이스라엘의 에일랏에 있는 철새의 병목 구간은 이런 장관을 목격하기에 좋은 장소들이다.

스위프트앵무새 ♂♀
Lathamus discolor

이주 형태:
계절성, 위도, 방랑자 이주

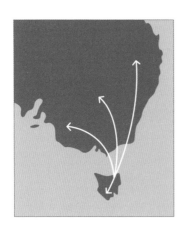

스위프트앵무새는 전 세계에서 진정한 의미의 이주를 하는 몇 안 되는 앵무새 중 하나로 멸종 위험이 매우 높다. 호주 남동부에 떨어진 태즈메이니아 섬 동부와 호주 본섬의 동부 지역을 오가며 살고 가을에는 북쪽으로, 봄에는 남쪽으로 이동한다. 이주 직전에는 500마리까지도 모이지만 이동할 때는 단 10~20마리의 작은 무리를 이루는데, 특히나 태즈메이니아와 호주 본섬을 가로지르는 240킬로미터 너비의 배스 해협을 건널 때 그 모습을 잘 관찰할 수 있다.

스위프트앵무새는 일단 월동지에 도착하면 최고의 먹이 자원, 특히 꿀이 가득한 꽃나무를 찾아서 어느 정도는 방랑자처럼 돌아다닌다. 이 새의 유선형 몸은 민첩하고 날랜 비행을 하기에 이상적으로, 겨울철 방랑을 시작하기 전 번식지에서 월동지 사이를 날아가는 약 2000킬로미터의 여정은 그 어떤 앵무새의 이주 거리보다도 길다.

무리이거나 혼자이거나

가까운 거리를 같은 경로로 어마어마하게 많은 철새가 이동한다고 해서 그들이 반드시 무리를 이루어 이주하고 있는 건 아니다.

일 년 내내 사회적 관계를 공고히 유지하는 새들, 특히 고밀도 집단 속에서 둥지를 트는 종들은 수백, 수천 마리에 달하는 개체가 무리를 이뤄 이주한다. 거대한 이주 무리를 이루기로 유명한 새로는 오리, 기러기, 고니 종류의 물새들과 두루미, 사다새, 여새, 홍학, 칼새, 제비, 도요새 종류와 같이 평소 사회적 관계를 유지하는 새들이 있다.

새들이 무리를 지어 이주하는 것은 단순히 사회적 동료애와 가족적 친밀감 때문은 아니며, 그 행위가 개별 새들에게 많은 이점을 준다. 무리가 크면 클수록 포식자를 경계하는 눈이 많아지고, 혹시 포식자가 덮쳤을 때도 잠재적 목표물이 많기에 무리의 상당수는 몸을 지킬 수 있다. 비슷하게, 새들이 매우 많은 숫자로 무리 지어 이주하면 여정 중에 서식지와 먹이를 발견하는 데 성공할 확률도 높아진다.

상모솔새
Regulus regulus

철새 무리는 '편대비행(echelon, 에셜론)'이라 부르는 V 혹은 J자 모양의
대형을 지어 이주한다. 이는 경주용 차가 공기 마찰을 줄이고 연료를
아끼기 위해 앞차의 뒤에 바짝 붙어 달리는 것과 비슷한데, 다른
새가 일으키는 후류(비행하는 물체 뒤쪽에서 일어나는 난류)의 흐름을 타서
에너지를 아끼기 위함이다. 편대비행에는 단 몇 마리에서 수십
마리의 철새가 모여서 날며, 기다란 편대 하나로, 혹은 작은 무리
여럿이 모여 전체적으로 굉장히 큰 무리를 이룰 수도 있다. 종, 비행
형태, 대기 상태에 따라 다르지만 철새들은 함께 나는 과정에서 최대
10~20퍼센트까지 에너지를 아낄 수 있고, 심지어 비슷한 조건에서
혼자 날아가는 것보다 빠른 속도로 날 수 있다.

이렇게 무리를 지어 날아가면 경로 선택에도 여러 마리가 참여하므로
올바른 방향을 찾기에 더 유리하다. 그중 한두 마리가 방향 감각이
떨어지거나 이주 경험이 거의 없더라도 감각이 더 예민한 무리에
의지해 전반적으로 수월하게 나아갈 수 있다.

황여새 ♂♀

Bombycilla garrulus

이주 형태:
계절성, 위도, 침입 이주

세계에 서식하는 단 세 종의 여새류 중 가장 널리 퍼져 있는 황여새는 러시아, 스칸디나비아, 아시아, 북아메리카에서 발견된다. 주로 고위도 지역에서 서식하는 철새지만 매년 겨울에 번식지에만 머무르는 건 아니다. 황여새의 이주는 거대하면서도 불규칙한데 북부의 숲에 좋아하는 먹이 나무의 결실이 만족스럽지 않을 때 수백 마리가 무리를 이뤄 주로 머물던 서식지에서 훨씬 더 남쪽으로 이동한다. 황여새 한 마리는 겨울 동안 하루에 600~1000개의 열매를 먹는다. 수많은 새가 무리지어 다니기 때문에 특정 위치에 있는 먹이를 쉽고 빠르게 거덜낸 다음 계속해서 다음 만찬을 찾아 이동하는 식이다. 아주 드물게 미국의 텍사스와 애리조나 주, 버뮤다, 스페인, 튀르키예 그리고 대만에 이를 정도로 남쪽까지 이동한 기록이 있다.

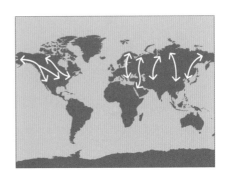

이주할 때 꼭 거대한 무리를 지어야만 이점이 있는 것은 아니다.
일 년 내내 크게 무리 지어 생활하진 않지만 기본적인 사회적 관계를
유지하는 많은 종이 이주 기간에 작은 단위로 모여서 움직인다. 예를
들어 유럽벌잡이새(*Merops apiaster*)는 일 년 내내 5~40마리의 작은 무리를
이뤄 생활하며, 번식지인 유럽에서 비번식지인 사하라사막 이남의
아프리카까지 1만4000킬로미터 여정을 떠날 때도 그렇다.

우리가 본 가장 거대하고 시각적으로 인상적인 철새 무리가 사실은
무리가 아니었을지도 모른다. 파나마 지협 위를 날아가는 수백,
수천, 심지어 수백만 마리의 맹금류는 정확하게 조절된 비행 경로와
놀라울 만큼 하나로 움직이는 날개 움직임 덕분에 큰 무리를 이뤄
이주하는 것처럼 보인다. 하지만 혼자 생활하는 습성이 있는 맹금류는
사회적 관계를 맺지 않으며 이주할 때도 함께 다니지 않는다. 이들은
그저 북아메리카와 남아메리카 대륙 사이의 지형적 특성 탓에 익히
잘 알려진 좁은 비행 경로로 다함께 빨려들어가고 있을 뿐이며, 그
모습이 마치 사회적이지 않은 이들이 잠시 무리를 이룬 것 같은 환상을
만들어낸다.

이런 경우에 개별적으로 이주하던 새들은 더 쉽고 효과적인 비행을
위해 다른 필수적 자원들과 함께 공기의 흐름, 바람의 패턴을 공유하게
된다. 일반적으로 맹금류는 기류가 충분히 달궈진 낮 시간에 이주하는
습성이 있는데 그런 조건이 활공하기에 더 좋기 때문이다.
각각의 맹금이 뜨거운 기류를 거의 독점적으로 사용하기 위해
대기온도가 가장 높을 때, 그리고 자기만의 비행 패턴을 제대로
유지하기 위해 가능하면 높은 고도의 육지 위를 날아서 이주하려고
한다. 따라서 어마어마하게 많은 맹금류가 번식지와 비번식지 사이에
놓인 좁은 땅 위를 통과할 때 마치 일부러 무리를 지어 이주하는 것
같은 착각을 불러일으키는 것이다. 이는 꼭 고속도로 위의 차들을 보는

것과 같다. 저마다 똑같은 도로교통법을 따라 강 위의 다리를 건너고 있는 자동차들이 맞은편에 있는 하나의 출구를 향해 몰려가고 있는 듯 보이지만 다 같은 목적지로 향하는 것은 아니다.

결국 '맹금류 무리'라는 건 환상일 뿐이지만, 놀라운 숫자로 동시에 같은 장소에서 이주비행을 하는 그들의 모습은 깜짝 놀랄 만한 장관을 빚어낸다. 예를 들어 동쪽은 대서양에, 서쪽은 시에라마드레산맥에 가로막힌 멕시코 베라크루스 지역은 이주하는 맹금류를 매우 좁은 통로로 끌어들이는 병목 구간이다. 그 결과 새들이 한창 이주하는 시기에는 한 장소에서 450만 마리 이상을 볼 수도 있다. 베라크루스의 한 철새도래지에서는 무려 하루에 10만 마리 이상(1분에 평균 140마리)의 맹금류가 관찰된 기록이 있다.

대륙점지빠귀[16]
Turdus viscivorus

맹금류 무리를 일컫는 명칭들

이주하는 맹금류 무리가 사실은 함께 이동하는 건 아니라지만 어마어마한
수의 새들이 최상의 비행 조건을 얻기 위해 같은 시간, 같은 공간을
활공하는 광경을 지켜보는 것은 가슴 벅찬 일이다. 이 장면이 매우
인상적이기에 종에 따라 맹금류 무리를 다양한 명칭으로 부르고 있다.

땅에 있든 하늘을 날든 모든 맹금류 무리를 '캐스트(cast)'라고 하며, 하늘을
나는 무리는 특별히 '카드론(cauldron, 커다란 솥)', '케틀(kettle, 주전자)' 혹은
'보일(boil, 끓음)'이라고 부른다. 이 창의적인 단어들은 저마다 액체를 가열할
때 요동치면서 거품이 끓어오르는 모양을 연상시키는데 마치 수십, 수백
마리의 맹금류가 한공간에서 뜨거운 기류의 흐름을 타고 하늘로 솟구치는
모습을 묘사한 듯하다. 그 외에 특정한 종을 일컫는 독특한 이름들도 있다.

말똥가리류와 독수리류: 위원회(committe), 현장(venue), 회전(volt), 경야(wake)

수리류: 집회(covocation), 신도(congregation), 축제(jubilee)

매류와 새호라기류: 종소리(ringing), 탑(tower)

개구리매류: 괴롭힘(harassment), 군중(swarm)

황조롱이류: 활공(hover), 비상(soar)

솔개류: 끈(string)

쇠황조롱이류: 환상(illusion)

올빼미류: 의회(parliament), 현인(wisdom), 조사(study), 바자회(bazaar), 현란함(glaring)

이런 이름들은 각 종의 특징에 대한 사람들의 인식에서 유래했다. 독수리 무리를 일컫는 'wake' 즉 경야(經夜)라는 단어는 장례식장의 풍경과 독수리가 죽은 동물을 먹는 습성을 함께 연상시킨다. 다른 이름들은 새가 나는 모습을 묘사했거나(황조롱이는 먹이를 사냥할 때 활공한다) 그 새를 둘러싼 문화적 이미지와 연관돼 있다(올빼미는 지혜를 상징해 '현인' 혹은 '조사'라는 이름이 붙었다). 어떤 무리의 이름은 그저 말장난 같기도 하다. 예를 들어 솔개 무리의 이름은 '끈'을 의미하는데, 솔개의 영어 이름 'kite'와 만나면 재미나게도 장난감 연에 끈을 매단 모습이 연상된다. 쇠황조롱이 무리를 '환상'이라고 부르는 이유는 아서왕의 전설에 등장하는 마법사 이름(merlin)이 바로 쇠황조롱이 영어 이름과 같기 때문이다.

매, 독수리, 솔개 종류와 같은 맹금류처럼 홀로 이동하는 철새들은
정반대의 오해에도 불구하고 오로지 자신의 두 날개로만 엄청난
여정을 감당한다. 벌새의 경우도 그렇다. 가을에 이주하는 벌새류를
관찰하면 몇 주 전만 해도 공격적이고 자기 구역을 강하게 지키려던
성향을 버리고 중요한 꽃밭이나 먹이 장소를 다른 새들과 공유하는
모습을 볼 수 있다. 이는 새들이 이주 전에 거치는 신체적 변화
때문인데, 몸무게를 줄이기 위해 생식기가 줄어들면서 호르몬 수치가
떨어져 영역을 지키려는 본능은 줄고 조금 더 사회적인 관계를 맺게
되는 것이다. 벌새류의 경우 그 효과가 계획적으로 무리를 이뤄
이주할 정도로 강하게 나타나지는 않지만 근방에 있는 다른 새들을 더
용인하는 경향을 보인다. 새들은 이주하는 동안에는 영역을 지키고
짝짓기 상대를 유혹하는 데 관심을 쏟는 대신, 오로지 먼 거리를
이동하기 위해 몸을 잘 충전하는 데만 집중한다. 그래서 이 시기에
한 공간에서 대규모로 먹이 활동을 하는 벌새를 발견하면 이들이
무리행동을 한다는 착각을 할 수도 있지만 사실은 좁은 기류를 따라서
동시에 이주하고 있는 각각의 맹금류를 보는 것과 비슷한 일이다.

뜸부기, 뻐꾸기, 물총새, 꾀꼬리, 딱따구리[17], 나무발발이, 상모솔새,
해오라기 종류를 포함한 많은 철새는 일 년의 대부분을 홀로 지내고
이주할 때도 홀로 이동하려는 경향이 있다. 그래도 이주하는 동안에는
짝짓기철만큼의 경쟁심은 줄어 다른 새들에게 조금 더 마음을 여는 듯
보이겠지만 여전히 개인적인 공간을 유지하면서 서로 거리두기를 하기
때문에 보통은 거대한 무리로 발견되지 않는다.

물총새
Alcedo atthis

벌새는 어떻게 이주할까?

이주는 정말 놀라운 능력이다. 몸이 가장 작은 새라면 더욱 그럴 것이다.
벌새류는 몸무게가 단 3그램, 몸길이는 7~10센티미터로 아주 작지만
대부분 두 서식지 사이의 어마어마한 거리를 혼자 날아서 이주한다. 예를
들어 멕시코만 상공을 쉬지도 않고 날아서 지나는 루비목벌새[18](*Archilochus
colubris*)는 여정의 시작과 끝 지점에 따라 짧게는 800킬로미터에서 최대
1500킬로미터를 이동한다. 대체 작은 몸으로 어떻게 이토록 멀리까지
이주할 수 있는 걸까?

오랫동안 사람들은 벌새를 포함한 몸집이 작은 명금류가 혼자 힘으로는
격렬한 비행을 완주할 수 없어서 참을성이 많은 튼튼한 새의 등에
올라타 히치하이킹을 할 것이라고 생각했다. 그러나 오늘날에는 이런
설화가 완전히 틀렸다는 사실이 밝혀졌으며 우리는 이제 벌새가 어떻게
이주하는지 훨씬 잘 알고 있다.

루비목벌새
Archilochus colubris

벌새는 혼자 이주한다

이 작은 새는 이주하는 여정 내내 혼자서 여행한다. 하나의 작은 표적은 잠재적 포식자의 눈에 훨씬 덜 띄기 때문에 벌새는 안전하게 이주할 수 있다.

벌새는 낮 동안에 이동한다

벌새는 대기온도가 높아 최상의 체온을 유지할 수 있는 오전부터 초저녁 시간까지만 이동한다.

벌새는 낮은 고도로 난다

고도가 낮을수록 공기밀도가 높아서 이동하기가 더 쉽다. 육지 위를 날 때는 나무 바로 위인 지상 6~15미터 높이로, 물 위를 날아갈 때는 파도를 스치듯이 낮게 날아간다.

벌새는 꽃망울이 터질 때 이동한다

벌새는 이주 시기와 경로를 꽃 피는 일정에 맞춘다. 꽃들이 가장 많이 피어나 꿀이 풍부해지는 때와 장소를 자신의 이주 경로에 연결해 이동 중에 사용할 에너지로 쓴다.

이런 모든 적응을 통해 벌새류는 이주하는 동안 보통은 하루에 32~40킬로미터나 육지 위를 날아갈 수 있다. 이는 같은 기간에 차체 길이가 4.6미터 정도인 중형차가 1600킬로미터를 내달리는 것과 같다!

적갈색벌새 ♂

Selasphorus rufus

이주 형태:
계절성, 위도, 순환 이주

형형색색의 몸에 공격성도 강한 적갈색벌새는 밝은 주황색 깃털과 거만한 태도뿐만 아니라 이주하는 과정에서도 눈에 잘 띈다. 이 작은 새는 몸무게가 3.3그램밖에 되지 않지만 그 어떤 벌새보다도 이주 거리가 길다. 보통 최북단 번식지인 알래스카 남동부와 캐나다 북서부에서 출발해 월동지인 멕시코 중앙까지 이동하는데 그 거리가 편도 6400킬로미터에 달한다. 비행 도중에 충분한 연료를 얻기 위해서 적갈색벌새는 정확히 시계방향으로 순환 이동을 한다. 봄에는 태평양의 온화한 기후 덕분에 더 일찍 꽃 피는 봄을 맞이하는 북아메리카의 태평양 연안을 따라 북상하고, 늦여름과 초가을에는 초원에 핀 꽃들에서 영양가 높은 꿀을 얻을 수 있는 내륙의 산악 지대를 따라서 남하한다.

아직도 멀었어?

무리로 날아가든 홀로 날아가든, 철새가 여정을 시작한 이상 두 목적지 사이를 오가는 데는 몇 시간에서 몇 주, 심지어 몇 달이 걸릴지도 모른다. 어떤 철새는 마라톤을 뛰는 선수처럼 중간에 잠시 쉬지도 않고 바다나 사막을 가로지르지만 대부분은 이동 중에 몇 번씩 멈춰 휴식을 취하고, 아니면 폭풍우나 기상 악화로 인해 강제로 발이 묶여 기다려야 할 때도 있다.

이주 경로 중 사하라사막, 히말라야산맥, 태평양 같이 거대한 지리적 장애물을 가로질러야 하는 새들은 중간에 안전하게 머무를 곳도 없이 내내 인내력이 뛰어난 비행으로 맞서야 한다. 예를 들어 줄기러기(*Anser indicus*)는 히말라야를 넘기 위해 해발고도 1만 미터 이상의 높은 곳을 날아가야 하는데, 이는 전 세계 철새가 이동하는 높이 중에서 가장 높다. 이렇게 높은 고도의 매우 차갑고 산소도 희박한 대기에서 살아남기 위해 줄기러기는 이주를 시작하기 전에 혈액 내 헤모글로빈 농도를 높이고 허파도 더 효율적으로 움직이도록 진화시켜 근육에 충분한 연료를 공급한다.

자동차로 장시간 여행하는 사람들이 목적지에 닿기 전에 어딘가를 경유하거나 가끔 갓길에 차를 세우고 쉬었다 가듯이 대부분의 철새도 이동 중 주기적으로 멈춘다. 새들은 단지 지친 몸을 쉴 뿐만 아니라 남은 여정에 에너지로 쓸 풍부한 먹이를 섭취하기 위해 가능하면 비옥한 서식지를 골라서 멈추려는 경향이 있다. 자원이 풍부해 수많은 철새가 쉬었다 가는 이런 장소를 일반적으로 '중간기착지' 혹은 '통과서식지'라고 부른다.

철새가 경유하는 서식지에는 다음과 같은 종류가 있다.

농경지

너른 초원과 농경지대는 항상 새들에게 도움을 주지만 특히 수확이
끝난 가을철에 인기가 많다. 굶주린 깃털 달린 여행자들은 이 시기에
바닥에 떨어진 낱알이나 남은 씨앗으로도 쉬이 배를 불릴 수 있다. 일부
지역에서는 농부들이 수확 후 논에 댄 물, 봄에 내린 비, 또는 녹은 눈에
농경지가 침수되어 오리, 기러기, 도요새 종류가 좋아하는 풍요로운
습지가 일시적으로 생기기도 한다.

도시 공원

도시화로 인한 서식지 파괴가 새들에게 계속해서 나쁜 영향을 주고
있지만 도심 공원(강변 산책로, 거대한 종합운동장이나 숨겨진 자연보호구역 등
녹지가 있는 공간을 포함)은 지친 철새들에게 잠시 쉬었다 가는 피난처
역할을 한다. 공원에는 주변 도심에서는 쉽게 찾아볼 수 없는 성숙한
목본과 초본 식물이 무성하고, 도시와 야생의 물새들은 물론 가끔
지나가는 철새들에게도 유용한 연못과 수자원이 있게 마련이다.

공동묘지

새들에게 적합한 서식지가 많이 사라진 지역에서는 공동묘지도
유용한 피난처가 된다. 묘지 주변은 성숙한 나무가 자라고 상대적으로
조용하며 간섭이 적어 새들은 고인처럼 평화와 안식을 취할 수 있다.

섬과 군도

초목이 가득한 섬은 대양을 가로지르느라 좀처럼 쉴 기회가 없던
철새들에게 활짝 열린 오아시스 역할을 한다. 섬들은 대부분 고립돼
있고 오늘날까지도 거의 훼손되지 않았기에 배고프고 피곤한 새들을
위한 최상의 서식지다. 그와 비슷하게, 연안지대에 발달한 사주섬도

대양을 가로지르기 전과 후 철새가 쉬었다 가기에 이상적인 장소다.

반도

거대한 대양으로 툭 튀어나온 반도의 특성상 철새들이 즐겨 찾는다.
새들은 위험천만한 여정을 시작하기 직전에 이곳에서 추가 에너지를
보충하며 여정의 길이를 살짝 줄이고, 돌아가는 길에 반도를 만난다면
주로 서식하는 해안가로 이동하기 전에 우선적으로 몸을 회복하는
장소로 활용한다.

해안과 해안선

바다, 거대한 만, 커다란 호수와 같이 어마어마한 양의 물 환경과 맞닿은 장소들은 새들이 그 광범위한 지역을 가로지르기 전에 마지막 휴식을 취하고 몸을 재충전할 기회를 준다. 또한 건너편에서 막 도착한 새들에게도 격렬한 여정에서 지친 몸을 회복할 첫 기회를 제공한다.

과수원

과수원은 철새가 많이 이동하는 봄과 가을에 무척 이상적인 장소다. 자라나는 작물에 따라 다르겠지만 봄이 되면 대개 꽃들이 만발해 새들이 영양 가득한 꿀을 섭취할 수 있고, 꿀이 없더라도 꽃에 모여든

곤충이 풍부한 단백질 자원이 되어준다. 많은 철새는 식물의 부풀어 오른 꽃봉오리와 새로 자란 어린잎까지 먹는다. 그리고 가을이 되면 에너지 비축량을 늘리기 위해 완숙한 열매를 주로 섭취한다.

철새가 이주 도중에 들르는 이런 통과서식지들은 안전한 피난처, 풍족한 먹이, 신선한 물 등의 중요한 자원을 빠르게 공급해준다. 이주 과정에 이런 장소가 있느냐 없느냐에 따라 새들이 긴 이주를 무사히 마칠 수도, 아니면 목적지에 도착하기 전에 탈진이나 굶주림으로 무너져버릴 수도 있다.

철새가 경유지에서 보내는 기간은 새의 종류와 회복이 필요한 정도, 그곳의 기후, 그리고 새마다의 이동 거리 및 연중 이동 시기에 따라 달라진다. 짧게는 단 몇 시간에서 며칠, 심지어는 몇 주까지도 머물 수 있다. 만약 새가 늦게 이주하는 중이라면 아주 짧은 기간만 머물다 갈지 모른다. 일찍 이주할수록 번식지에서 좋은 영역을 차지하고 우수한 짝짓기 상대를 유혹할 확률이 높아지는 봄이라면 더욱 그럴 것이다. 한편, 강력한 폭풍우나 기상전선에 발이 묶여 경유지에서 뜻밖에 오래 머물게 될 수도 있다. 가을에는 온건한 날씨와 풍족한 농작물만

보장된다면 월동지로의 이동을 잠시 미루고 더 길게 머물 수 있으며, 서리가 일찍 내리거나 폭풍우가 다가오고 있다면 예상보다 빨리 길을 나설 것이다.

철새가 이주하는 동안 얼마나 자주 멈춰서 쉬는지도 경우에 따라 다를 수밖에 없다. 제각기 다른 여정을 떠나는 새들을 추적한 결과, 철새는 짧게 자주 쉬어가기보다 길게 서너 번만 쉬기를 선호한다는 사실이 밝혀졌다. 하지만 특정한 장소에 철새를 얼마간 머물게 한 요인이 이후에는 얼마나 자주 멈출지, 한 번 쉰 후에 얼마나 멀리 이동할지에 지속적인 영향을 줄 것이다.

건강하고 풍요로운 통과서식지는 다양한 철새를 끌어들여 탐조인들에게 인기 있는 장소다. 철새가 가장 많이 이동하는 시기에는 제각기 다른 장소에서 매일같이 다른 새들이 나타나고, 몸을 충전하기에 바쁜 새들은 행동이 대담해져 어디서나 쉽게 관찰된다. 수많은 자연보존센터, 탐조 모임, 철새보호단체들은 주로 이 시기에 여러 가지 이벤트를 개최해 이주하는 새들의 특성을 알리고 텃새와 철새 모두에게 소중한 서식지의 중요성을 강조한다.

큰뒷부리도요 ♂ ♀
Limosa lapponica

이주 형태:
계절성, 위도, 순환 이주

큰뒷부리도요는 주기적으로 아주 먼 곳에 있는 목적지까지 여정을 떠나는 습성이 있다. 유럽, 아프리카, 아시아 지역에서 이주하는 새들도 크게 다르지 않지만 북아메리카에 서식하는 개체들의 여정은 특히 놀랍다. 이 지역에 사는 큰뒷부리도요는 매년 가을이면 알래스카에서 뉴질랜드까지 멈추지도 않고 태평양을 가로지르는데, 대략 8일 만에 1만1000킬로미터를 이동한다. 이는 전 세계 어느 철새보다도 쉬지 않고 한 번에 가장 멀리까지 이동한 기록이다.[19] 그러나 봄이 되면 이들은 동아시아 해안을 따라 이동하면서 훨씬 더 자주 멈춰 에너지를 충전하고 최상의 상태로 번식지에 도착하려고 한다.

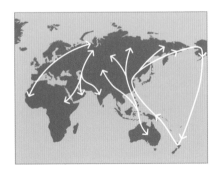

철새가 길을 찾는 법

철새가 왜 이주하는지, 함께 여정을 떠나거나 떠나지 않을 무리 속에서 어떻게 각자의 여정을 준비하는지, 어디로 향할지, 얼마나 자주 멈출지, 이 모든 질문에 우리는 각각 대답할 수 있을지도 모른다. 하지만 새의 이주를 이해하기에 정말 까다로운 부분은 새 한 마리가 A 지점에서 B 지점으로 이동하기까지 어떻게 그 모든 질문에 스스로 답을 찾으며 확신을 갖고 나아가느냐 하는 데 있다. 사람들은 GPS, 지도, 표지판, 위성 데이터, 교통 정보, 그리고 누군가에게 물어보는 등의 다양한 방법을 활용해 길을 찾지만 새들은 이 중 어떤 방법도 사용할 수 없다. 그 대신 여정을 끝마칠 때까지 직접 조종할 수 있는 독특한 항해 능력에만 의지해야 한다. 새들이 길을 찾는 데 활용하는 기술로는 다음과 같은 것들이 있다.

자기장 감지

새들은 눈, 부리 그리고 뇌 속에 있는 특화된 화학물질로 지구 자기장 안에서 자신의 위치를 알 수 있다. 그 메커니즘이 완전히 밝혀진 건 아니지만, 2018년에 발표된 한 연구에서 연구자들은 금화조와 꼬까울새의 눈 속에서 크립토크롬이라는 특화된 단백질을 분석해냈다. 하루 중 조도에 따라 시간대별로 달라지는 눈 속의 수많은 단백질과 달리, 이들이 찾은 Cry4 크립토크롬 단백질은 새들이 이주하는 시기에 농도가 높아지고 시간대별로는 달라지지 않았다. 철새가 조도와 상관없이 이 단백질을 하루 종일 사용할 수 있다는 얘긴데, 이는 철새가 지구의 자기장을 '본다'는 의미이며 그 덕분에 이주하는 동안 매우 정확한 방향성을 띨 수 있다.

비슷하게 대륙개개비[20](Acrocephalus scirpaceus)에 대한 2004년의 연구에서는 새의 부리에서 자철석을 포함한 철 광물이 놀라울 정도로 많이 발견되었고, 연구자들은 그 화합물질이 새의 뇌로 전달되어 몸속에 내재된 비행 지도에 영향을 미친다는 사실을 밝혀냈다.

지리학적 지도

새의 시력과 청력은 사람보다 훨씬 더 예민하다. 이 어마어마한 인지감각 덕에 철새는 몸속에 서식지 간의 이주 경로를 담은 자기만의 지도를 그릴 수 있다. 특히 낮에 이주하는 맹금류와 칼새, 제비, 사다새, 벌새 같은 종류의 새들에게 산, 섬, 강, 협곡, 해안을 아우르는 지형을 담은 이 지도는 무척 중요하다. 강물이 굽이치는 소리, 암석 해변에서 파도가 부서지는 소리, 혹은 키 큰 나무들이 빽빽하게 늘어선 숲 사이로 바람이 부는 소리 등으로도 지형을 느낄 수 있다. 거리와 고도, 기상 패턴에 따라 소리들이 어떻게 변하는지를 감지해 철새는 이주 경로를 정할 수 있다.

별자리 지도

밤에 이동하는 새들은 체내에 저장된 별자리 지도와 눈에 띄는 별의 위치를 활용해 길을 찾는다. GPS나 온라인 지도가 존재하기 몇 백 년 전에는 사람도 낯선 곳을 여행할 때 별자리로 자신의 위치를 파악했다. 밤하늘에서 가장 빛나는 별들의 위치 정보는 새들에게 간편한 비행 보조장비가 되어줄 수 있다. 주로 솔새, 꾀꼬리, 지빠귀, 뻐꾸기, 멧새 종류와 같이 밤에 이동하는 철새들이 별빛에 의지해 길을 찾는다. 지형, 소리 등 새들이 자신의 위치를 파악할 다른 실마리가 없는 천문관에서 진행된 실험 결과에 의하면, 아주 작은 명금류도 별을 볼 수 있으며 별의 패턴에 따라 줄지어 날아간다고 한다.

지구 가장 가까이에서 밝게 빛나는 별인 태양도 철새가 방향을 잘 잡아

여정을 시작할 수 있도록 돕는다. 하지만 구름이 가득해 태양도
별도 잘 보이지 않는 낮이나 밤이라면 어떨까? 이럴 때 새의 예민한
감각이 다시 유용해진다. 새들은 자외선(UV)을 꿰뚫어볼 수 있다.
흐린 날씨에도 자외선의 최대 80퍼센트(구름의 두께나 덮고 있는 정도에 따라
다르다)는 구름을 통과하며, 항해사의 눈에는 잘 보이지 않는 별과 태양이
새들에겐 비행을 위한 단서로 계속 활용된다.

배운 길

우리가 다른 사람에게 물어 길을 배우는 것처럼, 어떤 철새는 경험이
많은 새들에게서 이주 경로를 배운다. 새끼가 완전히 성숙할 때까지
가족 단위로 생활하는 종들은 일반적으로 부모가 새끼에게 경로를
가르친다. 두루미, 고니, 기러기 종류는 번식이 끝난 후 월동지까지
가족 단위로 이동하며, 새끼들은 이 과정에서 부모로부터 이주 경로를
후천적으로 배우게 된다.

궁극적으로는 수많은 철새가 한 가지 항해술만으로는 긴 이주를
안전하게 끝낼 수 없고 여정 전반의 환경 변화에 따라 여러 기술을
적용하면서 날아간다. 새들은 '지구 자기장'을 보면서 자신의 위치
정보를 얻는 동시에 몸속에 저장된 '지리학적 지도'로 경로를 보강한다.
시끄러운 암석 해안가에 다가가거나 소리가 울리는 협곡을 지날 때와
같이 어떤 구간에서는 '소리'가 경로를 찾는 데 도움을 줄 것이다.
태양으로부터 오는 '자외선'은 특히 구름이 잔뜩 낀 낮이나 밤에도
철새가 길을 찾을 수 있도록 도와주고, 어떤 새들은 알에서 깨어난 지
단 몇 주 만에 부모와 함께 이동하면서 배웠던 첫 번째 이주 경로를
기억하고 더 보강해가면서 자기만의 길을 찾는다.

새와 관련된 별자리

밤에 이동하는 많은 새들은 비행 방향을 정하고 여정의 경로를 탐색하는
수단으로 하늘에서 가장 밝게 빛나는 별들의 패턴을 활용한다. 사람도
수천 년 동안 마땅한 지형지물을 모르거나 이를 활용할 수 없는 상황에서
먼 거리를 이동할 때는 별빛과 별자리에 의지했다. 그래서인지 사람들이
이름 붙인 별자리 중에 새 이름이 유독 많다.

극락조자리(Apus)

남반구를 비추는 이 선명한 별자리에는 긴 꼬리가 눈에 띄지만 발은 없다.
이는 과거에 극락조에게는 발이 없다고 생각했던 관념과 일치한다.

독수리자리(Aquila)

북반구, 남반구 어디에서나 관측할 수 있다. 보통 제우스의 번개를
전달하거나 에로스의 화살을 보호하는 형상으로 묘사되곤 한다.

비둘기자리(Columba)

평화를 상징하는 별자리로, 북반구의 남쪽 부근과 남반구 전반에서
관측된다. 노아의 방주에 올리브 가지를 물고 돌아왔던 비둘기를
연상시킨다고 해서 '노아의 비둘기'라고도 부른다.

까마귀자리(Corvus)

그리스 신화에서 아폴론에 의해 희생된 까마귀로 종종 묘사되는 별자리다.
북반구 대부분 지역에서 넓게 펼친 날개 부분을 볼 수 있고, 남반구에서는
별자리 전체를 볼 수 있다.

백조(고니)자리(Cygnus)

국제천문연맹이 공인한 오늘날 88개 별자리 중에서 열여섯 번째로 크고 높은 고도에 있다. 북반구 전역과 남반구 절반 정도에서 관측된다.

두루미자리(Grus)

목과 다리가 긴 모양의 별자리로 과거에는 '홍학자리(Phoenicopterus)'라 불렸다. 북반구 남쪽 3분의 1, 남반구 전반에서 관측된다.

공작자리(Pavo)

역시 북반구 남쪽 3분의 1과 남반구 전반에서 관측되며, 초록공작(*Pavo muticus*)의 이름에서 따왔다고 알려져 있다.

큰부리새자리(Tucana)

남반구를 비추는 별자리이지만 북반구 남쪽 4분의 1에서도 관측된다. 큰부리새류의 전형적인 통통한 몸과 커다란 부리를 별자리로 그려낸 듯하다.

낮과 밤, 언제가 더 이주하기 좋을까?

철새가 방향을 찾기 위해 사용하는 기술은 비행 시간대가 낮이냐
밤이냐에 따라 크게 달라진다. 예를 들어 별자리 지도는 낮에 이동하는
철새들에게는 별로 유용하지 않고, 지리학적 지도는 지형의 세부를
정확히 볼 수 없는 밤엔 그리 도움이 되지 않을 것이다. 새가 주로
어떻게 이동하고 어떤 음식을 먹는지도 최상의 이동 시기를 결정하는
데 영향을 미친다.

밤에 이동하는 철새에게는 여러 이점이 있다. 주로 낮 시간대에 더운
공기를 타고 이동하면서 사냥도 하는 맹금류를 피할 수 있을 뿐 아니라

밤에는 땅에서 다른 포식자를 만나지 않을 수 있다는 점을 포함해서
말이다. 기온이 낮은 밤은 낮보다 대기가 덜 불안정하기 때문에 몸집이
작은 새들이 에너지를 덜 사용하면서 더 부드럽게 이동할 수 있다. 즉,
같은 양의 연료로 더 멀리까지 이동이 가능해진다.

반면에 낮 동안에 이동하는 새들은 온난기류와 같은 기상의 혜택을
받아 산 위로 훨씬 쉽게 날 수 있다. 칼새류와 제비류처럼 날면서
곤충을 사냥하는 종들도 곤충이 주로 활동하는 낮 시간대에 이주한다.

대륙소쩍새 ♂♀
Otus scops

이주 형태:
계절성, 위도 이주

올빼미 종류는 대부분 이주를 하지 않지만 대륙소쩍새는 예외다. 이 작은 새는 번식지가 있는 유럽과 겨울을 나는 아프리카 사하라사막 이남 지역 사이를 주기적으로 이동한다. 소수는 남유럽 일부 지역에서 일 년 내내 서식하지만 대부분은 소규모로 무리를 지어 밤에 지중해와 사하라사막을 가로지르고 낮 동안 휴식을 취하면서 이주를 한다.

각각의 새가 어디서 여정을 시작하고 끝내는지에 따라 다르겠지만, 대륙소쩍새는 대체로 가을이 다가오

는 8월부터 남쪽으로 이주를 시작하며 짧은 거리를 이동하는 개체는 11월까지도 이동하지 않을지 모른다. 봄에도 먼 거리를 이동하는 개체는 3월에 일찍 출발하고, 짧은 거리를 이동하는 개체는 대부분 4월에 이주를 시작한다. 대륙소쩍새는 나무가 듬성듬성 자라는 탁 트인 초지를 좋아해 두 이동 시기에 모두 정원이나 교외 지역에서 관찰할 수 있다.

미조(迷鳥), 길을 잃다

철새들은 저마다 길을 찾는 기술과 여정 중에 먹이를 공급받을
통과서식지를 알고 있지만 그럼에도 이주를 성공적으로 마치기란 결코
간단치 않다. 많은 새들이 이주하는 도중에 길을 잃고 예상했던 경로와
서식지에서 수백, 수천 킬로미터를 벗어난 곳에서 발견되곤 한다.
이 방랑자 새들을 전혀 예상치 못한 곳에서 마주치는 것은 놀랍고도
반가운 일이지만 '새가 가려던 목적지에서 멀리 떨어진 이곳까지
어떻게 오게 됐을까?' 하는 의문을 항상 남긴다.

멕시코와 미국 남서부에서 아르헨티나와 남아메리카 사이를 이주하는
주홍딱새[21](Pyrocephalus rubinus)는 왜 갑자기 캐나다의 노바스코샤주에서
목격되는 걸까? 서유럽, 북아프리카, 중앙아시아에서 서식하는
꼬까울새는 왜 일반적으로 이주하는 경로의 정반대편에 있는 중국,
대한민국, 일본 등지에서 발견되는 걸까? 일반적으로는 러시아
동부의 극지방에서부터 캐나다, 알래스카 남부, 북아메리카의
바하칼리포르니아반도까지, 그리고 남으로는 일본과 한반도에서 주로
발견되던 회색머리아비(Gavia pacifica)가 완전히 엉뚱한 장소인 아일랜드,
노르웨이, 이탈리아에서 발견되는 이유는 무엇일까?

사람의 여행에서라면 가끔씩 발생하는 도로 통제, 항공편 취소,
우회하는 기차, 혹은 놓친 버스 같은 사건들을 예상할 수 있다. 이 모든
지연 상황은 우리가 어찌할 수 없는 일들이니까. 하지만 오로지 자신의
힘으로 경로와 추진력을 관장하는 철새는 어쩌다 길을 잃어 멀리
떨어진 곳까지 오게 되는 걸까?

철새가 어떻게, 언제, 왜 이주하는지에 영향을 미치는 요인이 다양하듯
이주하는 과정에서 길을 잃게 되는 요인도 여러 가지가 있다.

좋지 않은 날씨

비행기, 크루즈, 장거리 이동 버스와 같은 교통수단은 날씨 상황에 따라 지연되거나 경로를 우회하곤 하는데 철새도 마찬가지다. 허리케인과 태풍은 이주하는 새들을 쉽게 경로 밖으로 날려버릴 수 있으며, 그 결과 새들이 목적지로부터 수백 킬로미터 떨어진 곳에서 발견되거나 바닷새가 느닷없이 내륙에 나타나는 일이 발생한다. 사실 강력한 기상전선이나 공격적인 윈드시어(바람의 방향이나 세기가 갑자기 변하는 현상)가 종종 철새의 경로에 끼어들어 그들을 다른 곳으로 밀어내버림으로써 새들이 선호하던 경로에서 이탈해 전혀 예상치 못한 장소에 동떨어지게 한다.

신체적 약점

모든 사람이 방향을 찾거나 GPS를 작동시키는 데 능숙한 것은 아니듯이 모든 새가 힘겨운 이주에서 방향을 잘 찾고 예민한 감각을 발휘하는 것은 아니다. 부실한 먹이와 부상으로 인한 질병 같은 육체적 결함이 새들의 방향 감각을 손상시켜 길을 잃게 할 수 있고, 유전적 돌연변이가 체내의 나침반에 영향을 미쳐 경로 이탈을 야기하기도 한다.

히치하이킹

철새는 이주하는 동안 가끔 일반적이지 않은 장소에서 우연히 쉴 자리를 발견해 히치하이킹을 하기도 한다. 예를 들어 알래스카에서 중국 방향으로 날아가면서 탈진한 철새가 강력한 윈드시어를 마주치면 태평양을 이동하던 화물선을 긴급한 피난처로 활용할 수 있다. 새는 그곳에서 하루 이틀을 쉬며 선원들이 호의로 나눠주는 음식을 즐길지도 모른다. 하지만 그러는 동안에도 배는 계속해서 항해해 새를 원래 목적지와는 정반대 방향에 있는 캘리포니아 남부, 호주 혹은 에콰도르에 데려다놓을 수 있다.

전파 간섭

조류학자를 비롯한 여러 연구자들은 철새가 어떻게 지구 자기장을 활용해 방향을 찾는지를 아직 완전하게 이해하지 못했다. 하지만 전 세계에 강력하고 광범위하게 퍼져 있는 송전선, 기지국, 무선통신으로 발생하는 전파 간섭이 그 시스템을 방해할 수 있다는 사실은 밝혀졌다. 지구 자기장이 인공 신호들로 인해 점점 더 어수선해지면 새들의 감지기관이 제대로 작동할 수 없게 되고, 결국 더 많은 새가 이주하는 동안 길을 잃을 것이다.

빛 공해

지형을 기준으로 길을 찾는 철새는 지리적 풍경이 바뀌면 혼란에 빠진다. 마찬가지로 별빛과 별자리 지도로 나아갈 방향을 찾는 철새들은 복잡한 빛 풍경의 변화로 인해 혼란을 겪는다. 특히 도심과 산업개발구역의 심각한 빛 공해는 새들이 별의 위치를 제대로 파악할 수 없게 하고, 그 결과 새들이 방향을 잡지 못하고 장애물에 부딪히거나 길을 찾기 위해 고군분투하다가 탈진해버릴 수 있다.

기후변화

불안정한 기후변화로 인해 해안선이 달라지고 해수면이 상승하고 사막이 넓어지고 수목한계선이 변하는 등 지형이 바뀌는 것도 철새의 이주를 방해한다. 익숙하던 이주 경로에 큰 지형 변화가 생기면 새들은 이전과 같은 길로 이주에 성공하기가 어려워진다. 그 결과 새들이 완전히 길을 잃어버릴 수 있다.

노란등숲솔새[22]
Setophaga americana

서식지 파괴

철새의 번식지와 비번식지뿐만이 아니라 이주 경로에서 잠시 머무르는
통과서식지의 파괴도 이주의 성공을 가로막는 요인이다. 늘 쉬어가던
장소와 피난처의 위치가 변하거나 사라지면 새들은 갑자기 쉴 만한
새 장소를 물색해야 하고, 그러다가 일반적인 이주 경로에서 멀어져
완전히 다른 방향으로 향하게 될 수 있다. 이와 비슷하게 지속적인 개발,
농경지 확장, 자연재해의 결과로 해안선과 강바닥, 숲 가장자리 경계선
등이 달라지면 새들의 머릿속에 저장된 지리학적 지도가 바뀌어 길을
잃을 수 있다.

미조가 발견되는 순간

철새가 길을 잃어 예상했던 경로나 목적지에서 멀리 떨어진 곳에
도착하는 것은 탐조인들에게 매우 흥분되는 순간을 선사한다.
그 새를 보기 위해 멀리 있는 서식지로 여행을 떠나지 않고도 평소에
자주 방문하는 장소나 어쩌면 내 집 마당에서 갑작스럽게 반가운
새를 목격할 수도 있다. 이런 길 잃은 새들, 즉 미조는 만약 먹이가
충분하다면 몇 주 혹은 다시 이주할 시기가 올 때까지
한 계절 동안이나 그 부근에 머물 수 있다.

그러나 불행히도 이들 대부분은 살아남지 못한다. 번식지에서
비번식지까지 단기간에 가장 짧은 경로로 이동해야 할 이주의 과업을
완수하는 건 이미 버거운 일이 되었다. 게다가 길 잃은 새들은 종종
너무 멀리까지 이동해 좋지 않은 탈진 상태에 빠지며, 완전히 지치고
허약해진 상태로 낯선 장소에 홀로 도착한다. 이런 환경에서는 어떤
것이 먹이인지 잘 구분하지 못할뿐더러 포식자에 대한 사전 정보도
없다.

드물게 야생동물보호센터에서 이런 길 잃은 새를 구조해 혈기왕성한
상태로 회복시키기도 한다. 하지만 새가 스스로 돌아갈 길을 찾지
못한다면 원래 경로로 돌려보내는 일은 거의 불가능하다. 그 새에게
익숙한 서식지로 데려다주는 방법도 있겠지만 야생동물을 국경 너머로
이동시키는 데는 여러 규제와 그 과정에서 치러야 할 값비싼 비용 등
걸림돌이 많다. 사실은 그러기도 전에 대부분의 미조가 며칠 혹은
몇 주 동안 탐조인들을 흥분시키고 기쁘게 해주다가 어느 날 갑자기
비밀스럽게 사라져버릴 가능성이 높다. 아마도 대개는 알지 못하는
포식자에게 당했거나 여정을 실패한 데 따른 스트레스에 스스로 굴복한
경우일 것이다.

검은목두루미 ♂♀
Grus grus

이주 형태:
계절성, 위도 이주

우아한 검은목두루미는 이주할 때 놀라운 광경을 자아내는 새로, 이들의 이주 여정은 해마다 수많은 탐조인의 이목을 집중시킨다. 일부가 일 년 내내 튀르키예의 조각난 서식지에서 머무는 반면 대부분은 이주하려는 성향이 매우 강한 철새다.

검은목두루미는 유럽 북부의 광범위한 지역과 아시아에 걸친 번식지에서 동남아시아, 인도 산악 지역, 북아프리카, 나일강 주변의 제한적인 비번식지 사이를 오가며 산다. 이렇게 넓은 지역에 분포돼 있음에

도 봄과 가을의 여정에서 모두 약 100킬로미터 너비의 좁고 정확한 경로를 따라서만 이동하는 신비로운 모습을 연출한다. 물론 일부 개체는 예상했던 경로와 서식지에서 멀리 벗어난 캐나다, 알래스카, 그리고 오대호와 그레이트플레인스를 포함한 미국 여러 지역에서 방랑자 같은 모습으로 목격된 기록이 있다.

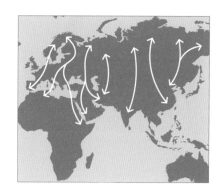

흰죽지 ♂

Aythya ferina

이주 형태:
계절성, 위도, 깃털갈이 이주

전 세계에 널리 서식하는 잠수성 오리인 흰죽지는 대부분 유럽, 러시아, 중앙아시아에 분포한 북쪽의 번식지에서 살며 가을에는 유럽 남부, 동남아시아, 인도, 동아시아 그리고 훨씬 더 남쪽인 나일강 전반을 포함한 아프리카 북부에 걸친 월동지로 거대한 무리를 지어 이주하는 철새들이다. 이주 시기에 수백, 수천 마리가 무리 지어 하늘을 뒤덮어 장관을 이룬다. 계절성 이주를 시작하기 전에 몇몇 수컷은 깃털갈이 이주로 연습을 하기도 하는데, 이 시기에는 번식지에서 너무 멀리까지는 이동하지 않는다.

흰죽지 철새 무리는 대체로 여름보다 겨울에 규모가 훨씬 크고 화려하다. 여름에는 번식을 위한 자원을 최대로 활용하기 위해 넓게 분산되어 이주하는 경향이 있기 때문이다. 한편 번식지와 비번식지 사이에서 일 년 내내 서식하는 텃새 무리도 있는데 영국, 프랑스, 독일, 오스트리아, 루마니아와 튀르키예 동부, 이란 북부에서 볼 수 있다. 아주 드물게는 정상적인 이주 경로를 벗어나 길을 잃고 카나리아제도, 괌, 필리핀, 알래스카, 캘리포니아 그리고 하와이까지 멀리 날아가 관찰되기도 한다.

익숙한 경로에 도사린 위험들

새들이 익숙하지 않은 장소에서만 위험에 처하는 건 아니다.
이 깃털 달린 여행자들은 여러 세대에 걸쳐 사용해온 검증된
경로에서도 수많은 위기를 마주할 수 있다.

서식지 파괴

가장 크고 광범위하게 도사린 위험 요소는 서식지 파괴다. 철새들에게
안전한 피난처이자 생존에 꼭 필요한 물과 먹이를 공급하는 서식지가
사라진다면 한쪽 끝에서 출발했던 여정은 목적지가 사라진 채 끝날
수 있다. 긴 여정 중에 잠시 머물 통과서식지가 사라져도 새들은
휴식을 취하지 못해 위험에 빠진다. 철새가 매년 이동하는 여정의
한쪽 끝인 번식지가 보호구역으로 지정되어 개체수가 아무리
번성했다 해도 그들이 이주하는 여정의 중간, 혹은 비번식지의 서식
환경이 파괴된다면 결과는 처참하다. 번식지에서 건강하게 이주를
시작한 생기 넘치는 철새들이 여정을 완주하지 못하거나, 이주에는
성공했더라도 다음해에 안전하게 되돌아올 수 없을 것이다.

탈진

이동 중에 사용할 에너지가 줄어들고 있는데 서식지 파괴로
중간기착지가 사라지면 철새는 탈진 상태에 이르게 된다. 탈진한 새는
비행이 불안정해져 간혹 하늘에서 떨어지기도 하며, 다행히 땅에는
안전하게 떨어졌더라도 포식자나 근처의 다른 위험 요소에 대한 경계가
느슨해져 위험에 처할 가능성이 높다.

굶주림

서식지 파괴와 기후변화 모두 새들의 먹이 공급에 차질을 준다. 주변에 먹이가 부족한 지역이라면 자원이 몰린 곳은 그만큼 더 경쟁이 치열할 것이다. 그로 인해 새들이 남은 여정에 연료로 쓸 만큼의 지방을 얻지 못하거나 몸을 충분히 쉬지 못한다면 이동 중에 쉽게 굶주림을 느낄 수 있다.

충돌

새들은 나무와 절벽, 다른 새와 같은 익숙한 장애물은 잘 인지하는 반면 익숙하지 않은 인공 장애물은 피하지 못하고 쉽게 부딪쳐 부상을 입는다. 빛 반사를 일으키는 유리 건물과 창문들은 새들의 충돌 사고가 가장 빈번히 일어나는 장애물이다. 특히 유리 표면에 식물과 하늘이 반사되어 완벽하게 안전한 피난처의 모습을 하고 있다면 더욱 위험하다. 풍력발전기, 송전선, 무선통신 기지국, 그리고 석유 굴착 장비를 포함한 여러 충돌 장애물들 역시 그런 것이 있으리라고는 전혀 예상치 못한 트인 장소에서 갑자기 나타나 새들의 생명을 위협한다. 특히 비행에 서툰 어린 새들이 재빠르게 피하지 못하고 자주 사고를 당한다.

포식자

새들은 일 년 내내 어디에서나 굶주린 포식자들의 표적이 될 위험에 노출돼 있고 이주 중에는 훨씬 더 위험해진다. 특히 철새가 익숙하지 않은 지역을 지날 때는 그곳의 포식자들, 이를테면 고양이, 페렛(ferret), 쥐 같은 침입종이나 도입종의 존재를 쉽게 인지하지 못할 수 있다. 호시탐탐 기회를 노리던 포식자들은 지치고 배고픈 상태로 그곳에 도착한 철새를 손쉽게 사냥한다.

오염

어마어마한 기름 유출 사고부터 교외 잔디밭과 정원에 과도하게
사용된 제초제와 비료까지, 다양한 오염물질이 새들의 이주에 악영향을
미친다. 오염물질은 쉽게 새들의 서식지를 망가뜨린다. 식물이 온전히
남아 있는 듯 보이는 곳에서도 사실은 곤충이나 물고기 같은 사냥감
숫자부터 씨앗과 과일의 생산율까지 나빠져 있을 수 있다. 더욱이 새의
깃털은 엄지손톱만큼의 기름 한 방울 정도로도 큰 손상을 입는다. 기름
때문에 깃털의 천연 방수 시스템이 망가지면 새들은 저체온증, 과도한

깃털고르기, 스트레스 같은 이상증상을 일으키게 되고 비행 효율도
심각하게 떨어지며, 이 모든 일이 이주의 성공을 어렵게 만든다.

쓰레기

철새의 생명을 위협하는 위험 요소 중에는 플라스틱 같은 쓰레기
문제도 있다. 함부로 버려진 쓰레기는 새들의 서식지를 파괴할 뿐만
아니라 새가 실수로 삼키기라도 한다면 날카로운 조각이 체내에 심각한
상처를 일으킬 수 있다. 특히나 철새들은 잠시 쉬어가는 서식지에서
그곳의 먹이 사정에 익숙하지 않아 구미 당기는 쓰레기를 집어삼킬
가능성이 높다. 쓰레기가 체내에 당장 피해를 입히지 않더라도
소화되지 못한 채 소화관을 막고 있거나, 새들이 쓰레기로 배를
불렀다고 착각해 결국은 기아로 목숨을 잃게 될 수도 있다.

자연재해

새도 사람만큼이나 자연재해의 위험에 노출돼 있다. 지진, 쓰나미, 허리케인, 산사태, 홍수, 산불은 새들의 중요한 서식지를 파괴하고 먹이 자원을 사라지게 한다. 그뿐 아니라 너무 일찍, 혹은 늦게 찾아오는 눈보라나 일시적인 한파도 새들의 이주를 망치고, 그것을 인지하지 못한 채 이주하는 새들을 엄습해 목숨을 잃게 할 수 있다.

사냥

수렵 대상종의 개체수 추적과 교육을 통한 면허증 발급을 포괄해 잘 관리된 사냥은 철새들에게 심각한 위험이 되지 않지만 문제는 주변 지역과 사냥 가이드라인을 공유하지 못했을 때 발생한다. 한 장소에서 사냥 가능한 새가 다른 지역에서는 멸종위기종일 수 있다. 두 서식지 사이를 이동하는 철새를 과도하게 사냥하면 개체수에 극단적인 영향을 미친다. 게다가 철새인지 아닌지 정확히 구분하지 못한 채 사냥꾼이 우연히 발사한 총알들이 치명적이다.

남획

수많은 바다오리, 알바트로스, 사다새, 슴새, 바다제비, 펭귄 종류, 그리고 물수리류를 포함한 여러 맹금류는 바다에 사냥할 수 있는 건강한 물고기들의 숫자가 충분해야 종의 개체수를 유지할 수 있다. 특히 이들이 번식 후 바다로 향하거나 바다를 건너는 시기에는 더욱 그렇다. 특정한 장소에서 물고기를 남획하면 철새가 이동하는 동안 먹어야 할 자원이 줄어들 뿐만 아니라, 사람들이 무책임하게 널어놓은 그물이나 긴 낚싯줄에 새들이 걸려 더 큰 사고가 일어날 수 있다.

밀렵

깃털이 아름다운 철새는 밀렵꾼의 가장 큰 표적이다. 특히 깃 색깔이 가장 화려한 봄철 이주 시기에는 새들이 더 위험해지는데, 합법적이지 않은 사냥으로 야생 새들이 동물 산업에 흘러들어가거나 눈에 띄는 깃털이 뽑히는 일이 종종 발생한다. 그보다 더 큰 재앙은 밀렵꾼들이 이미 밝혀진 새들의 이동 경로나 중요한 기착지에 덫을 놓아 어마어마하게 많은 새를 불법으로 잡아들여서는 식재료로 팔아넘기거나 밀수를 하는 것이다.

인간의 무지

새들이 이주하는 과정에서 마주하게 될 다양한 위험에 대해 우리가 잘 알지 못한다면 새들이 성공적으로 이주하도록 도울 수 없다. 많은 탐조인은 새들에게 중요하고 분명한 위험들을 잘 인지하고 있지만 탐조에 관심이 없는 대부분 사람들은 아주 흔한 장애물조차 인식하지 못한다. 이런 정보를 가급적 많은 사람과 공유해 더 널리 알려나가는 것이 철새 보호를 위해 매우 중요하다.

새들의 이주를 강하게 방해하는 것처럼 보이는 여러 요인과 수많은 장애물에도 불구하고 매년 수십억 마리의 새가 이주에 성공한다. 그러나 동시에 그만큼 많은 새들이 위험을 피해 아예 이주하지 않는 특성으로 자신의 몸을 진화시켰다. 바로 텃새들이다.

황제펭귄 ♂ ♀
Aptenodytes forsteri

이주 형태:
계절성, 분산 이주

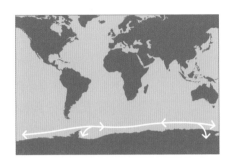

모든 철새가 날아서 이동하는 것은 아니다. 황제펭귄은 뛰어난 수영 실력으로 바다를 헤엄쳐 놀라운 이주를 해 낸다. 이 방랑자 새들은 분명한 비번식지도 없이 대부분의 시간을 바다에서 이동하면서 물고기, 크릴, 그밖에 다른 먹이를 잡아먹으며 산다. 그 덕에 황제펭귄의 여정은 번식지로부터 최대 4800킬로미터까지 멀리 남극해 주변을 이동하는 인상적인 형태를 띤다. 이들은 가장 놀라운 유영성 조류 가운데 하나로, 평균적으로 수심 200미터 깊이로 잠수하며 가끔 530미터 아래로까지 내려가는 개체가 발견되기도 한다.

황제펭귄이 육지를 이동하는 여정의 규모는 그 짧은 다리와 발을 질질 끄는 걸음걸이를 고려하면 더 인상적일 수 있는데, 내륙에 있는 번식 집단으로 향하기 위해 95~160킬로미터를 그렇게 걸어서 이동한다. 지구온난화 영향으로 빙하가 이동하거나 녹는다는 말은 이들에겐 더 이상 바다를 이동할 때 이전과 같은 경로를 따를 수 없다는 의미이기도 하다.

아 몰라, 난 안 가!

이주하기 위해 어마어마한 노력이 들어가고 여정 중에 마주할 모든
위험 요소까지 고려한다면 많은 새가 텃새라는 점은 놀랍지 않다. 전
세계 1만 종이 넘는 새들의 이주 습성은 아직 정확히 밝혀지지 않았고,
여러 학술 단체들이 다양한 요인에 따라 새의 이주를 다르게 분류하고
있을 것이다. 이들 중 25~60퍼센트 이상은 눈에 띌 만큼의 장거리
이주를 하지 않을 수 있다. 이런 새들은 대개 방랑자 생활을 하거나
제한적인 이주 패턴을 보인다.

위태롭고 긴 여정에 에너지를 쏟는 철새와 달리 텃새는 한 장소에서 일
년 내내 서식하기 위해 에너지를 사용한다. 일 년 내내 이주하지 않고
익숙한 영역을 지키며 자라나는 새끼를 돌보거나 여러 번의 번식에
시간을 쏟는 등 다방면에서 여행자 사촌들에 비해 확실한 이점이 있다.
그것을 누리기 위해 텃새는 일반적으로 아래와 같은 특징을 띤다.

더 다양한 먹이에 적응했다

텃새는 일 년 내내 같은 것을 먹기보다 계절마다 풍족해지는 먹이
자원을 따라서 식성을 바꾼다. 식물이 꽃망울을 터트리고 곤충 숫자가
늘어나기 시작하는 봄에는 주로 꽃, 꿀, 곤충을 풍족하게 즐긴다.
그러다 가을이 되면 씨앗, 과일, 견과류가 식단의 대부분을 차지한다.
반면에 철새는 일 년 내내 같은 종류의 먹이를 먹는 경우가 많고 그
먹이가 더 풍족한 곳으로 주기적인 이주를 한다.

비번식기에는 다른 종들과도 무리를 짓는다

대부분의 텃새는 짝을 찾고 선호하는 먹이와 둥지 지을 장소를
방어해야 하는 번식기에는 영역 문제에 무척 예민하게 굴지만

비번식기에는 오목눈이, 박새, 곤줄박이, 동고비 종류 등 비슷한 종들이 한 무리처럼 섞여 지낸다. 다른 종과 함께라도 거대한 무리를 이루면 겨울에 활동하는 굶주린 맹금류를 더 잘 경계할 수 있고, 무리가 먹을 자원을 찾아내는 데도 더 많은 눈을 활용할 수 있기 때문이다. 과도한 경쟁을 예방하기 위해서인지 혼합된 무리에 속한 새들은 대개 선호하는 먹이가 조금씩 다르다. 예를 들어 같은 숲에 살면서도 서로 다른 취식 행동을 보이며 다른 먹이를 찾기 때문에 먹이가 매우 부족한 시기에도 경쟁하지 않고 무리생활을 할 수 있다.

좀 더 대담하다

일 년 내내 한자리에서 서식하는 텃새는 철새보다 성격이 강한 데다 호기심이 많고 지능이 더 뛰어나다. 이런 특성 덕분에 텃새는 새로운 먹이 자원을 연구하고 피난처를 찾는 방법을 배우며 다른 얌전한 철새들보다 포식자를 더 잘 경계할 수 있다. 텃새는 더 기회주의적인 성향도 띠어 철새들은 그냥 지나칠 수 있는 새로운 자원을 찾아내 잘 활용하는 편이다.

111

한 지역에 서식하는 특정한 종이 철새와 텃새로 나뉘는 데는 여러
이유가 있다. 일반적으로 온건한 기후에 계절 간 차이가 크지 않은 열대
지역에서는 철새의 비율이 높지 않다. 그러나 극심한 계절 차이, 혹은
다른 요인에 의해 먹이가 풍족했다가 매우 부족해지는 확연한 변화가
생기는 지역은 같은 종 내에서도 철새 비율이 높고 일 년 내내 한
곳에서만 머무르는 내한성 있는 텃새는 적을 것이다.

조류 분류체계의 거의 모든 과(family)에 텃새가 있으며 지구상 모든
지역은 텃새의 서식지라고 할 수 있다. 마치 지구 전역이 매년 철새가
이동하는 경로 중 일부이며 특정 시기에 잠시 머무르는 중간기착지가
되어주는 것처럼 말이다. 박새, 오목눈이, 딱따구리, 올빼미, 들꿩, 뇌조,
꿩, 어치, 까치, 멧비둘기, 동고비 종류는 장거리를 이동하지 않기에
탐조인과 비탐조인 모두 집 근처에서 일 년 내내 즐겁게 관찰할 수 있는
대표적인 텃새들이다.

뇌조
Lagopus muta

흰죽지꼬마물떼새 ♂♀
Charadrius hiaticula

이주 형태:
계절성, 위도, 뛰어넘기 이주

흰죽지꼬마물떼새는 여름에 그린란드부터 러시아 북동부 추크치반도까지의 해안가, 조간대, 탁 트인 툰드라에서 흔히 볼 수 있는 물떼새이지만 일부는 영국과 프랑스 북부까지 남으로 한참 내려와서 번식한다. 북부에 광범위하게 분산된 개체들은 계절에 따라 아프리카 북부 해안가, 아라비아반도 그리고 사하라사막 이남 지역까지 이주하는 반면 영국, 아일랜드, 프랑스에 서식하는 개체는 대체로 이동하지 않는다.

이런 뛰어넘기 이주는 종의 개체수 유지에 이로운데, 번식지까지 너무 멀리 이동하지 않아도 되는 텃새들이 둥지 틀기에 성공할 가능성이 더 높기 때문이다. 조류학자들은 흰죽지꼬마물떼새 중에서 이주하는 무리와 이주하지 않는 무리를 서로 다른 종으로 나눠야 할지를 결정하기 위해 이들의 일관성 없는 이주를 계속해서 연구 중이다. 그러나 이주 행동은 종의 지위를 결정하는 많은 요인 중 한 가지일 뿐이다.

하늘을 날면서 잠을 잘 수 있을까?

철새는 이주 비행으로 진이 다 빠지기도 한다. 특히 단 몇 주 만에 수백, 심지어 수천 킬로미터까지 이동해야 하는 새라면 말이다. 대부분의 철새는 이동 중에 쉬어가는 서식지의 덕을 보지만 대양, 내해, 거대한 호수를 넘어 이주하는 새라면 어떨까? 잠시라도 머무를 수 있는 육지가 없어 날개를 쉬지 못한다면 말이다.

알바트로스와 슴새 종류를 포함한 수많은 바닷새와 기러기, 오리, 고니 종류와 같은 물새는 수면에 내려앉아서도 쉴 수 있지만 다른 새들은 그렇게 쉽게 수면에 떠 있을 수 없다. 그 대신 지빠귀, 솔새, 벌새, 도요새, 제비, 종다리 종류와 같은 새들은 이주하는 동안, 그러니까 비행 도중에 잠을 잔다고 알려져 있다. 뇌의 절반은 최소한의 기능만 하면서 쉬고 나머지 반만 깨어서 활동하는 단일반구서파수면(USWS)이라는 휴식 상태에 들어가는 것이다. 이 과정에서 새들은 정신적인 휴식을 취할 수 있다. 뇌의 각 부분을 서로 다른 시간에 재충전하는 동시에 깨어 있는 한쪽으로는 지속적으로 비행 환경을 추적하고 경로를 조정하며 포식자를 비롯한 여러 위협을 주시한다.

새들은 단 몇 초에서 몇 분 만에 USWS 상태에 돌입할 수 있고, 장거리를 비행하는 동안 이런 '강력한 낮잠'에 수도 없이 빠진다. USWS 상태는 매, 흰배칼새(*Tachymarptis melba*), 큰군함조(*Fregata minor*), 대륙검은지빠귀(*Turdus merula*)를 포함한 여러 종을 통해 연구되었다.

새가 나는 동안 정확히 언제 잠을 자는지도 중요한데, 연구에 따르면 하늘 위로 충분히 떠올라 부력을 느끼고 공기의 흐름을 이용할 수 있을 만큼 온도가 높은 상공에서 USWS 상태에 돌입할 가능성이 높다고 한다. 그 덕분에 반쯤 잠든 새들은 공기 중에서 비틀거리거나 물에 빠질 위험 없이 낮잠을 잘 수 있다.

새가 비행하면서 USWS 수면에 빠지는 시간은 하루에 50분 이하로, 예상보다는 훨씬 적게 잠을 잔다는 사실도 연구를 통해 알아냈다. 같은 새가 땅에 도착해서는 안전한 장소를 찾아 몇 시간 동안이나 잠을 잤다. 이는 철새들에게 쉬어가는 서식지의 존재가 얼마나 중요한지, 그런 곳에 새들을 위한 적절한 서식 환경을 보존하는 일이 얼마나 가치 있는 일인지를 알려준다.

새의 이주에 관한 헛소문

모든 새가 이주를 한다는 말은 철새에 관한 가장 뿌리 깊은 오해 중 하나다. 오늘날 우리는 철새의 이동에 관해 많은 것을 알게 됐지만 새들의 움직임에 대한 과거의 생각들은 거의 전설, 구비설화, 판타지로 점철돼 있었다. 새들이 주기적으로 나타났다 사라진다는 것을 처음 깨달았을 때 사람들은 몸길이가 단 몇 센티미터에 몸무게도 몇 그램밖에 나가지 않는 작은 새가 수백, 수천 킬로미터를 이동했다가 수개월 후 안전하게 돌아온다는 사실을 상상하지도 못했다. 그래서 제각기 다른 문화와 문명에 살던 지식인들이 지금 우리에겐 터무니없어 보이는 제안, 이론, 발표들로 철새의 신비로운 이주 습성을 설명하려 했다.

명백하게 역사상 가장 위대한 철학적 정신을 지녔던 그리스 철학자 아리스토텔레스는 철새가 계절에 따라 다른 종으로 변한다고 주장했다. 새들이 깃털갈이를 하는 모습과 여러 시기에 다양한 종이 이주하는 모습을 관찰한 그는 대륙딱새[23](*Phoenicurus phoenicurus*)가 꼬까울새로 탈바꿈한다고 선언했다. 두 종이 같이 목격된 적이 없으며 몸 크기와 깃 색깔이 비슷하다는 점으로 가설을 뒷받침했다. 오늘날 그 생각은 말도 안 된다고 느껴지지만 지난 2000년 이상 동안 철새의 이주가 학자들을 매료시켰다는 사실만은 분명하게 보여준다.

훨씬 덜 논리적이지만 그 시대에 널리 받아들여졌던 이론 중 하나는 1500년대 스웨덴 대주교인 올라우스 마그누스(Olaus Magnus)가 처음 제안한 것이다. 제비들이 계절이 바뀌어 사라지기 직전에 습지대와 강을 따라 모이는 모습을 지켜본 그는 제비가 물에 뛰어들어 강이나 호수 바닥의 진흙 속에 굴을 파고 들어가 봄이 올 때까지 겨울잠을 잔다고 생각했다. 포유류가 겨울잠을 잔다는 사실이 이미 밝혀져 있었기에 새도 겨울잠을 잔다는 것은 합리적인 가설 같아 보였다.
일찍이 아리스토텔레스 역시 새들이 겨울잠을 잔다고 비슷한 의견을 낸
바 있다. 비록 그는 새들이 물속이 아니라 속이 빈 나무나 땅속 구멍을
피난처로 삼는다고 생각했지만 말이다.

보라제비 ♂

Progne subis

이주 형태:
계절성, 위도 이주

보라제비도 한때 번식기가 지나면 겨울잠을 자거나 형태가 바뀌거나 심지어는 호수나 강 아래로 사라진다고 여겨졌다. 우리는 더 이상 이런 말도 안 되는 이야기를 믿지 않지만 보라제비의 장거리 이주 행동 역시 믿기 힘들기는 마찬가지다.

북아메리카와 남아메리카 대륙 사이를 오가며 캐나다에서 아르헨티나에 이르기까지 긴 거리를 이동하는 보라제비는 여정을 시작하기 전 며칠, 혹은 몇 주에 걸쳐 거대한 규모의 무리를 이룬다. 수천에서 많게는 수십만 마리까지 모여서 함께 잠자리에 드는데, 매년 이주를 준비할 때마다 같은 잠자리를 사용한다. 반면에 보라제비는 원래 독립성이 강한 성격으로 이주하는 동안에는 무리를 짓지 않는다. 수컷이든 암컷이든 가장 나이가 많은 개체부터 먼저 이주를 시작하고 어린 새들은 살짝 늦게 뒤를 따른다.

미국쏙독새
Phalaenoptilus nuttallii

오늘날 우리는 대부분의 새가 뚜렷하게 겨울잠을 자지
않는다는 사실을 안다. 미국쏙독새는 겨울잠을 자는
유일한 새로, 멕시코 북부와 미국 남서부 토착 지역에
있는 동굴과 암석으로 이루어진 틈새에서 잠을 자며
겨울을 난다. 그 외 수많은 새들은 단기간에 수면 상태에
접어들 수 있는데 그 모습이 마치 겨울잠을 자는 것과
비슷해 보인다. 수면 상태에 빠진 새들은 대사 속도를
늦춰 에너지를 아낀다. 다만 이런 상태를 몇 시간 동안만
지속하고 한 계절 내내 유지하지는 않는다. 벌새, 칼새,
쏙독새 같은 종류의 새들은 무기력한 상태를 하룻밤 혹은
일시적인 한파 기간 동안 유지하기도 하지만 정상으로
되돌아가는 데 몇 시간밖에 걸리지 않는다.

새들이 겨울잠을 잔다는 오해는 수백 년 동안이나

지속되어 1800년대까지 새의 이주에 관한 유명한 설화로 굳건히 전해 내려왔다. 그리고 그보다 훨씬 터무니없는 가설들도 과학공동체의 유망한 몇몇 지도자들에 의해 용감히 발표되곤 했다.

1600년대 후반 영국의 과학자이자 목사이며 1697년 하버드대학교 첫 부총장이 되었던 찰스 모턴은 철새가 주기적으로 이주하지만 다른 대륙으로 이동하는 건 아니라는 가설을 발표했다. 그 대신에 모턴은 새들이 달로 이주한다고 믿었다. 그는 자신의 이론을 뒷받침하기 위해 새들의 움직임에 대한 연구와 자연철학 그리고 과학적 실험을 연관 지었는데, 당시에 그가 어떤 철새의 월동지를 연구했는지는 알 수 없다. 모턴은 새들이 이렇듯 놀라운 여행을 할 수 있는 이유로 이동하는 동안 중력의 영향을 거의 받지 않는다는 점을 들었다. 그래서 비행하기 쉽고 도중에 잠도 잘 수 있다고 말이다. 이 가설은 당시에 과학의 일부로 널리 받아들여졌고, 1680년대 후반부터 1720년대까지 하버드대학교와 예일대학교에서 이를 가르쳤다.

오늘날에도 철새의 이주에 대한 이해 전반에서 설화 같은 이야기를 찾아볼 수 있다. 오랫동안 전해 내려온 이야기 중 가장 이해하기 어려운 것은 작은 새가 커다란 새를 히치하이킹해 이주한다는 말이다. 예를 들어 몸이 작은 상모솔새가 스칸디나비아와 영국 사이에 있는 위험한 북해를 건너기 위해 자신보다 훨씬 크고 튼튼한 멧도요(Scolopax rusticola)의 등에 올라타서 이동한다는 이야기가 진실인 양 오래 전해져 왔다. 마찬가지로, 아주 작은 루비목벌새가 1500킬로미터를 쉬지 않고 날아서 멕시코만을 건너기 위해서는 캐나다기러기(Branta canadensis)의 등 위에 올라타야 한다는 이야기도 있었다. 몸길이가 단 9센티미터밖에 안 되는 새가 누구의 도움도 없이 그렇게 먼 거리를 이동한다는 사실을 도저히 믿기 어려워한 사람들이 지어낸 가설이었을 것이다.

앞서 언급한 새들 중 어느 누구도 동시에 같은 서식지를 향해
이동하거나 같은 고도로 이동하지 않기에 당연히 어떤 종도
히치하이킹을 할 수 없다. 그런데도 이런 설화가 여전히 믿음직한
이야기 가운데 하나로 여겨진다는 것은 철새의 이주 습성에 얼마나
놀랍고 다양한 측면이 숨어 있는지를 보여주는 증거가 아닐까?

오늘날 철새에 관해 가장 만연하게 퍼져 있는 위험한 설화 중 하나는
철새에게 먹이를 주면 멀리 이동하지 않아서 결과적으로 현지의 계절
변화에 적응하게 될 것이라는 점이다. 사실은 그 반대가 정확하다.
건강하고 영양 가득한 먹이는 철새가 여정을 준비하거나 이동 중에
몸을 재충전하는 데 도움을 주기 때문에 새들은 매년 정해진 주기로 더
성공적인 이주를 해낼 수 있다.

이주의 미래

새의 이주에 대한 이해는 수백 년 동안 크게 달라졌으며 앞으로도 그럴 것이다. 더 세밀한 지도 제작과 새들에게 발신기를 달아 인공위성으로 추적하는 일, 드론 장비와 그밖에 아직 알려지지 않은 기술들을 동원한 미래 연구는 새들이 이 놀라운 여정을 언제, 어디서, 어떻게, 그리고 왜 떠나는지에 대한 우리의 의문을 더 풀어낼 것이다. 하지만 이미 알고 있는 사실만으로도 우리는 새들이 달라지는 세상 환경에 적응하면서 이주 행동 그 자체가 변하고 진화하고 있다는 것을 이해할 수 있다.

기후변화가 가속화되면서 식물과 곤충이 이른 봄부터 번성하고 있지만 철새의 이주를 돕는 태양과 별들의 신호는 이에 맞춰 달라지지 않는다. 그 결과 철새는 이주 본능의 가장 큰 요인인 풍족한 먹이 자원을 놓치게 될 수도 있다. 한편, 기후변화와 먹이 자원의 이동에 적응해 이미 이른 봄이나 늦가을에 이주를 서두른다고 알려진 철새도 있다.

시간이 지나면 극단적인 기후변화로 번식 기간이 늘어나 새끼를 더 많이 키우고 무리 숫자를 크게 늘리는 종이 생겨날지 모른다. 또한 같은 변화로 인해 어떤 종은 중요한 자원을 놓쳐 번식 기간이 짧아지고 개체수가 줄어들 것이다. 다양한 종들이 같은 환경 변화에 각각 다르게 적응한다. 가장 먼 거리를 이동하는 철새가 아마도 기후변화에 가장 취약하고 시간이 지날수록 적응 능력도 떨어질 것이다. 대조적으로 이주 경로가 짧은 철새들은 갑작스런 변화에 더 성공적으로 적응할 수 있다.

기후변화가 얼마나 크고 빠르게 진행되는지에 따라 다음의 내용을 포함한 많은 변화가 관찰될 것이다.

- 번식지 변화: 철새가 다른 종과 같은 장소를 공유하지 않기 위해 구애, 번식, 둥지 짓기를 위해 선호하던 번식지를 바꿀 수 있다.

- 먹이 변화: 철새들이 계절의 어느 시점에 서로 차지하기 위해 경쟁하던 먹이 자원과 그 먹이가 가장 풍부한 때가 달라질 수 있다.

▪ 이주 거리의 변화: 철새가 더 안전하게 쉴 수 있는 중간기착지와 재충전에 필요한 최상의 먹이를 찾아서 이주 거리를 더 늘리거나 더 짧게 조정할 수 있다.

기후변화가 지속되면 철새의 이주 경로는 변할 것이다(물론 기후변화는 지속된다. 빙하기, 대륙 이동, 그 외 여러 지리학적 요인에 의해 지구의 기후가 오랫동안 여러 단계를 거쳐 변화해온 것처럼 말이다). 해수면이 상승하면 해안선이 달라지고, 드넓은 바다나 호수를 곧장 가로질러 이주하던 새들은 믿을 수 없이 늘어난 거리를 감당하기 어려워 해안 쪽으로 경로를 바꿔야 할 수도 있다.

산 위로 넘어 이동하는 새들은 산의 고도가 점점 높아지면 산 주변을 돌거나 협곡을 통과해 이동하는 경로로 바꿀 수밖에 없다(파키스탄 북부 히말라야에 속한 낭가파르바트는 전 세계에서 가장 빨리 자라는 산으로, 매년 고도가 약 7밀리미터씩 상승하고 있다). 비슷하게, (빙하가 녹거나 침식되면서) 점점 낮아지는 산을 통과하는 철새도 새로운 경로를 찾을 것이다. 경로 변경은 새의 이주 시점에 변화를 가져온다. 그리고 이주 시점이 달라지면 철새가 번식지에서 머무르는 기간도 달라질 수밖에 없고, 이는 번식지에서 새들이 이용하는 먹이 자원에 영향을 줄 것이다. 철새는 그들의 오랜 여정을 성공시키기 위해 이처럼 다양한 변화에 지속적으로 적응해 나가야 한다.

이주하는 새들의 미래에 대해 지금 우리가 단언할 수 있는 한 가지는, 결국 변한다는 것이다. 새들은 많은 변화에 적응할 수 있고 결국은 해내겠지만 우리도 옆에서 도울 일을 찾아 함께하면 좋을 것이다.

우리가 철새를 도울 수 있는 방법

사람은 새의 이주에 큰 영향을 끼친다. 안타깝게도 그 영향이 종종
침입종 포식자, 쓰레기, 오염, 도시 개발, 밀렵, 그밖에 철새를 위협하는
여러 부정적인 문제들로 드러나지만 말이다. 반면에 우리는 몇 가지
간단한 조치만으로도 철새의 이주에 훨씬 더 긍정적인 영향을 줄 수
있다. 주변에서 흔하게 보는 지빠귀, 되새, 멧새, 딱새, 솔새 종류부터
맹금류까지 지구의 멋진 새들이 더 성공적으로 이주할 수 있도록 도울
방법이 여기 있다.

새들에게 신선한 물을 제공한다

철새는 여정 중 재충전을 위해 영양분이 가득한 먹이만큼이나 깨끗하고
신선한 물을 필요로 한다. 단지 목을 축이기 위해서만이 아니라, 새들은
유체역학적 비행을 위해 깃털을 항상 최상의 상태로 유지해야 하는데
그러자면 깨끗한 물로 자주 목욕하고 깃털고르기도 해야 한다. 모든
종류의 새에게 적합한 목욕탕의 깊이는 2.5~5센티미터 정도다. 넓고
단단한 그릇에 물을 담아두면 새들이 더 안전하다는 느낌을 받는
동시에 몸집이 큰 새도 물장구를 칠 수 있다.

여력이 된다면 훨씬 더 정교한 인공 장치로 새들의 관심을 끌어보는 건
어떨까? 새들은 작은 연못으로 흘러드는 분수나 폭포와 같이 흐르는
물에서 생겨나는 포말과 파도에 큰 관심을 갖는다. 작은 개울이라도
있으면 다양한 새들에게 훨씬 더 안전하고 매력적인 공간으로 비칠 수
있다. 특히 작고 평범하게 생긴 목욕탕은 미처 발견하지 못하고 지나칠
수 있는 통과철새들의 관심을 끈다면 더 유용해질 것이다.

줄기러기 ♂♀
Anser indicus

이주 형태:
계절성, 위도 이주

줄기러기는 장거리 이주를 할 때 높은 고도로 이동하는 것으로 유명하다. 많은 새들이 높은 산을 피해서 더 수월하게 날 수 있는 경로를 찾아 이동하지만 줄기러기는 지구상에서 가장 높은 산인 히말라야 위를 넘어서 날아간다. 심지어 에베레스트산 바로 위를 지나가는 장면도 목격됐다. 최고 1만50미터 높이로 난 기록이 있으며 단 하루만에 1600킬로미터를 이동하기도 했다.

이런 여정은 산맥이 높아지기 전(지금도 매년 약 1센티미터씩 상승한다) 비교적 낮은 고도에서 시작됐지만 오랜 세월에 걸쳐 적응해왔다는 가설이 있다. 산이 계속 높아지자 새들은 그 놀라운 여정을 성공시키기 위해 더 거대하고 효율적인 폐, 더 튼튼한 근육, 더 풍족한 혈액을 갖추는 것으로 자신의 몸을 발달시켰다.

자연 친화적인 조경을 한다

정원, 혹은 작은 마당 하나만 있어도 새들을 환영하는 오아시스를 만들 수 있다. 야생적인 서식지가 계속해서 줄어드는 도심과 교외 지역에서라면 이런 공간은 더 소중하다. 조경을 할 때는 새들에게 친숙한 꽃, 열매, 견과류, 씨앗과 같은 먹이를 제공하는 자생식물들과 안전한 피난처를 아우르는 것이 핵심이다. 나무 가지치기는 최소한으로 하고, 적어도 철새가 가장 많이 이동하는 시기가 지날 때까지 미뤄둔다. 가능하면 자연에 가깝게 유지된 환경이 새들을 맞아들이기에 좋다.

내 집에 마당 하나를 만드는 것보다 훨씬 좋은 방법은 거대한 공원과 도시농장, 회사, 학교, 교회, 그밖에도 지역의 많은 공공장소에 새를 배려한 계획을 세우도록 목소리를 내는 것이다. 대부분 지역에서는 자연을 보호하기 위한 민간의 자발적 지원과 제안을 환영할 것이고, 그 과정에서 새를 비롯한 여러 야생동물과 어울려 살아가는 지역 문화를 만드는 데 이바지하게 될 것이다.

영양가 많은 먹이를 준다

철새에게 더 나은 영양분을 공급할수록 건강한 몸으로 여정을 잘 마무리할 확률이 높아진다. 모이통이나 새들을 위한 급식소에 해바라기 씨앗부터 쇠기름, 과일 등 최상의 먹이를 제공하고 가급적이면 야외에는 그 지역에 자생하는 식물종을 심어 새들이 수월하게 먹이 활동을 할 수 있게 한다. 철새가 가장 많이 이동하는 기간에 쇠기름, 견과류 같은 지방 함량이 높은 음식을 내놓으면 지친 새들이 몸을 빠르게 회복하고 남은 여정을 버티기에 충분한 에너지를 얻어갈 수 있다.

빵, 케이크, 쿠키, 감자칩, 그밖에 정제 탄수화물이 고함량으로 들어간 영양가 없는 제품은 피해야 한다. 이런 먹이는 새들의 배를 채울 순 있지만 그들이 이주를 성공적으로 마치는 데 필요한 튼튼한 근육, 생생한 감각, 빠른 반사신경을 유지할 만큼의 충분한 영양을 제공하지 못한다.

모이통과 목욕탕은 깨끗하게 관리한다

영양가 높은 씨앗으로 가득 찬 모이통과 깨끗한 물로 채워진 목욕탕은 의심할 여지없이 철새를 돕는다. 하지만 제대로 관리하지 않는다면 오히려 피해를 입히거나 치명적인 영향을 줄 수 있다. 새 모이통과 목욕 그릇은 주기적으로 청소하지 않으면 조류(algae)가 자라고 곤충이 우글거릴 뿐 아니라 새들의 배설물이 금방 쌓인다. 겉에 녹이 슬거나 먹이에 곰팡이가 생길 수도 있다. 그러면 찾아온 새들에게 질병을 전염시킬 수 있고, 그 새들이 이주하는 과정에서 나머지 무리나 새 둥지가 밀집된 취약한 지역에 병균을 퍼트리게 된다.

그릇을 주기적으로 청소하고 아주 묽은 표백제로 소독하면 오염을 막을 수 있다. 모이통은 새 먹이를 채울 때마다 닦아주고 오물이 쌓였을 때, 혹은 1~2주마다 정기적으로 소독 청소를 해준다. 목욕 그릇 역시 매주 전체적으로 청소한 후 깨끗한 물로 갈아줘야 하는데, 따뜻한 물에서는 박테리아와 조류가 더 빠르게 증식하므로 기온이 높은 곳이나 따뜻한 계절에는 그보다 자주 청소하는 것이 좋다.

밤에는 불을 끈다

과도하게 많은 도시의 불빛이 이주하는 새들에게 위험하다는 것은 잘 알려진 사실이다. 철새는 도시의 불빛들에 의해 쉽게 방향을 잃고 빠져나갈 길을 찾으려 애쓰다가 탈진이나 굶주림을 겪게 된다. 밤에

야외의 전등, 현관 등, 크리스마스 전구, 연못과 분수를 밝히는 조명
등을 꺼두면 새들이 더 쉽게 길을 찾을 수 있다. 안전이나 보안 문제로
불을 모두 끌 수 없다면 와트 수가 낮은 전구로 교체하거나 움직임 감지
센서가 달린 전등을 설치해 새들이 현혹될 가능성을 최소로 줄인다.

가정의 전등을 끄는 일뿐 아니라 지역 산업체가 불 끄는 프로그램에
동참하도록 격려하면 더 좋다. 특히 철새가 가장 많이 이동하는 봄과
가을철에는 효과가 크다. 사무실 건물과 주차장 등은 종종 밤에도
과도하게 조명을 켜두는 경우가 많은데 이를 조금만 줄여도 새들에게는
어마어마하게 큰 도움이 된다. 이런 작은 행동이 철새가 제 길을 잘
찾도록 돕고 기업에도 에너지 절감 효과를 줄 것이다.

살충제를 사용하지 않는다
사람들은 종종 자신의 집, 정원, 마당에서 설치류와 곤충을 포함한
성가신 동물을 쫓아내기 위해 화학물질을 사용한다. 하지만 이런
달갑지 않은 동물들이 딱새, 솔새, 벌새, 지빠귀 종류와 맹금류 같은
많은 새들에게는 중요한 먹이 자원이다. 철새는 이주하는 동안 재충전을
위해 이런 먹이를 무엇보다 필요로 한다. 만약 우리가 쥐약, 살충제,
덫을 사용하지 않는다면 새들이 기꺼이 천연 살충제 역할을 할 것이다.

화학물질을 꼭 사용해야 한다면 항상 적절하고 책임감 있게 다루도록
한다. 살충제 남용 및 오용은 새들의 먹이 자원을 파괴할 뿐만 아니라
직접적인 해를 끼치고 수로를 오염시키는 등 더 많은 환경문제를
일으킬 수 있다. 제초제와 합성비료 등 야외에서 흔히 사용하는
물질들에도 같은 주의가 필요하다. 모든 정원과 마당에서 자연적인
균형을 잡으려면 화학물질을 사용하지 않는 것이 최선이지만 그게
어렵다면 덜 사용하는 쪽을 선택하도록 한다.

고양이는 집 안에서 기른다

자유롭게 풀어 기르는 반려동물이든 길을 잃었거나 버려진 동물이든 혹은 그저 길고양이든 간에, 야외를 돌아다니는 고양이는 세계적으로 매년 수십억 마리에 달하는 새들의 죽음에 책임이 있다. 고양이는 언제 어디서 나타날지 예측할 수 없는 파괴적 포식자이기에 철새들에게 특히 위험하다. 여정 중 지치고 배고픈 철새들은 이런 위험을 경계하는 데 느슨해지기 때문이다. 고양이는 사냥감에 몰래 접근해 단번에 덮치는 자연적 본능을 타고났다. 그 발톱과 송곳니로부터 새들과 다른 작은 야생동물을 보호하고 싶다면 주인들이 무언가 조치를 취해야 한다. 기본적으로 고양이는 실내에서만 키우고 야외에 데리고 나가야 한다면 주인이 가까이에서 지켜보는 것이 좋다. 마당에 안전하고 편안한 고양이 전용 테라스를 만들어주는 것도 좋은 방법이다.

길고양이 개체수가 매우 늘어난 지역에서는 철새 보호를 위해 더 강력한 조치가 필요하다. 사냥하는 고양이로부터 도망치는 새들에게 안전한 피난처를 제공하는 것이 무엇보다 중요하다. 철새를 돕기 위한 모이대나 둥지 상자를 설치할 때는 고양이가 절대 접근하지 못하도록 차단벽을 만들어야 한다.

철새 서식지를 깨끗이 관리한다

새들, 특히 철새가 생존을 위해 의지하는 서식지 가운데서 작은 마당, 개인 소유 정원, 잘 관리된 조경은 극히 일부일 뿐이다. 개인 소유 땅을 새들에게 친화적인 환경으로 만드는 일 외에도 지역의 공원, 자연보호구역, 습지, 운동경기장, 해변, 산책로, 심지어 탁 트인 전원지대나 삼림지대의 가장자리 등 철새가 머물다 가는 다양한 서식지 환경을 깨끗하게 보존하는 공공의 노력이 중요하다. 지역에서 환경미화 모임을 꾸리거나 이미 진행 중인 활동들에 참여해보라.

침입종 식물과 포식자를 제거하는 노력에 함께하거나 새들의 서식지를 방문할 때마다 쓰레기를 줍는 행위만으로도 도움을 줄 수 있다.

애초에 새들의 서식지 파괴를 막을 선제적 노력을 하면 더 좋다. 쓰레기는 잘 관리하고, 잘 폐기하며, 가능하면 재활용하고, 강이나 바다에서 못 쓰게 된 낚싯줄은 안전하게 버리고, 자동차에서 유해한 액체가 새어나오지 않도록 평소에 잘 관리한다. 그리고 철새가 주로 머무르는 서식지를 보존하자고 다른 사람들에게도 말하고 그 중요성을 알린다.

창문을 눈에 띄게 만든다
매년 전 세계에서 수십억 마리의 새가 유리창 충돌 사고로 목숨을 잃는다. 철새의 이주가 최고점에 달하는 시기가 바로 이 끔찍한 위험이 가장 커지는 때다. 새들은 유리창을 잘 식별하지 못한다. 종종 하늘이나 근처에 있는 식물이 반사되면 단단하고 치명적인 판유리를 오히려 안전한 비행 경로나 안락한 횃대로 착각할 수 있다. 유리창 충돌로 즉시 치명상을 입지 않더라도 한 번 충격을 받은 새는 포식자를 경계하는 데 더 취약해지고 지친 몸을 회복하기도 전에 내부에 생긴 상처와 목마름, 굶주림으로 희생될 수 있다.

새들이 유리창을 잘 인식하게 하기 위해서는 창 외부에 단순한 스티커나 반투명 테이프를 붙이거나 유리에 식각 무늬를 넣으면 도움이 된다. 스티커나 테이프는 5×10 센티미터 간격으로 붙여야 새들이 그 사이로 지나가려는 시도를 막을 수 있다. 덧문이 있다면 닫아두고 건물 내부의 불을 끄거나 외부에 스크린을 설치하는 것도 좋은 방법이다. 심지어 유리창을 조금 더러운 채로 놔두는 것도 빛 반사를 최소화해 새들을 돕는다. 집뿐만 아니라 학교, 회사, 병원, 도서관, 그밖에 여러 공공시설을 포함해 거대한 유리창이나 유리로 된 표면이 있는 건물이라면 어디에든 이런 처리를 해주는 게 좋다.

다른 사람에게도 알린다

새의 이주를 도울 가장 간단하고 효과적인 방법 중 하나는 지금 당신이 알고 있는 것을 다른 사람에게도 알리는 것이다. 가까운 친구와 가족들에게 철새의 존재를 알리고 그들의 이주 이야기를 들려준다면 모두가 새를 돕는 행동에 동참할지 모른다. 개인 한 명이 철새를 위한 다섯 가지 행동을 한다고 할 때 그것을 가까운 친구, 가족, 이웃, 동료 등 다섯 명에게 알려 동참하게 하면 행동은 25가지로 늘어난다. 만약 그들이 또 각각 지인 다섯 명에게 그것을 똑같이 알릴 경우 철새를 위한 행동은 120가지가 넘어서고, 이는 계속해서 끝없이 늘어날 수 있다. 더, 더 많은 사람이 이 간단한 행동들에 동참하게 된다면 철새를 돕는 일에

한계는 없을 것이다.

철새와 그들의 이주 습성에 대한 관심을 더 널리 퍼트리기 위해서는 지역 도서관에서 그 주제로 강연을 열거나 학교 수업시간에 학생들이 어떻게 철새를 도울 수 있을지 토론하게 하는 것도 좋은 방법이다. 주변의 더 많은 사람이 철새를 위한 긍정적인 행동에 참여할 수 있도록 당신의 사무실이나 일하는 장소에 그에 관한 안내판을 게시하는 것도 고려할 만하다.

회색머리지빠귀 ♂♀

Turdus pilaris

이주 형태:
계절성, 위도, 경도, 뛰어넘기,
방랑자 이주

매력적인 회색머리지빠귀는 다른 지빠귀 종류와 쉽게 구별된다. 탐조인과 비탐조인 모두 봄과 가을에 이주하는 회색머리지빠귀의 움직임에 관심을 갖는데 그 시기가 종종 환절기와 일치하기 때문이다. 그러나 모든 회색머리지빠귀가 철새는 아니며 분포권의 중심부에 있는 새들은 일 년 내내 그곳에서 서식한다.

회색머리지빠귀 철새가 주기적인 여정을 떠날 때는 1000마리 이상의 어마어마한 무리를 이뤄 집단생

활을 한다. 어린 새들은 일반적으로 짧은 거리를 이동하고 나이와 경험에 따라 점차 이주 거리를 늘려간다. 주기적으로 이주하는 시기가 아닐 때도 어느 정도는 방랑자 기질을 보이며 풍부한 먹이를 찾아 돌아다닌다. 특히 주 먹이인 곤충의 숫자가 줄어든 겨울에는 다양한 열매를 찾아 방랑자 이주를 떠난다.

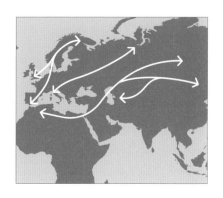

큰홍학 ♂♀
Phoenicopterus roseus

이주 형태:
계절성, 경도, 방랑자, 분산 이주

큰홍학의 여정은 실로 엄청나다. 전 세계 홍학류 중에서 가장 광범위한 지역에 분포할 뿐만 아니라 다양한 서식지를 점하고 있다. 이주 행동도 다양한데, 큰홍학이 모두 철새는 아니지만 다양한 방식으로 이주를 즐기는 편이다.

분포권의 북부와 서부에 서식하는 개체들은 계절에 따라 주기적으로 이주하는 반면, 온화한 곳에서 일년 내내 서식하는 개체들 역시 방랑자 기질이 강해 필요에 따라 짧은 이주를 한다. 예를 들어 수위가 너무 낮아져 먹이 활동이나 번식에 지장이 생기면 더

나은 환경을 찾아 떠나고, 무리에 개체수가 너무 많아서 둥지를 틀 장소 경쟁이 심해지거나 먹이가 너무 부족할 때도 방랑을 나선다.

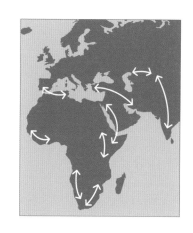

큰홍학의 이주는 이렇듯 매우 불규칙하지만 이 거대하고 인상적인 무리가 함께 날아오를 때면 그 모습이 무척 장관이다(일반적으로 밤에 이동하지만 목격할 수 있다면 말이다). 어린 새들은 어느 정도 자란 후에 자기만의 배우자와 영역을 찾아 어느 정도 분산 이주를 하기도 한다.

새들의 이주를 즐기자

철새들이 어마어마한 여정을 무사히 마칠 수 있도록 돕는 최선의 방법
중 하나는 그저 우리 스스로 철새의 여정을 즐기는 것일지 모른다.
우리가 이주하는 새들의 모습에 관심을 갖고 더 많이 지켜볼수록
그들의 여정을 응원하고 보호하기 위한 방법을 더 많이 강구하게 될
것이다. 그 경이로움을 다른 사람과 공유하다 보면, 바라건대 모두를
철새에 대한 열정으로 불타오르게 할 수도 있지 않을까? 하지만 철새의
이주를 즐기는 행동에는 그 외에도 다양한 방법이 있다.

국립공원, 생태경관보호지역, 습지보호지역 등 다양한 보호지역이나
철새도래지에 방문해보라. 아마도 당신의 정원이나 집 근처
서식지에서는 보지 못했던 다양한 새들을 만날 수 있을 뿐만 아니라,
기관의 참가 신청서나 방문자 명단에 당신의 이름과 주소를 적어
그곳의 인기를 보여주고 더 많은 철새 서식지를 보호하기 위한 기금
마련에 힘을 보탤 수도 있을 것이다. 입장료, 주차비 같은 비용도 이런
기관들의 네트워크를 공고히 하는 데 도움을 준다. 당신이 기념품을
구매하고 음식 가판대를 방문하거나 회원 등록을 하는 데 사용하는
모든 비용도 말이다.

지역에 서식하는 새와 야생동물을 기념하는 다양한 축제에도
참가해보라. 이런 축제는 주로 철새가 가장 많이 이동하는 시기에
맞춰서 열린다. 아마도 지역의 생태해설가나 자연보호 활동가의
안내를 받아 새들이 각기 다른 순간에 지나가는 모습을 실제 눈으로
관찰할 수 있는 산책이나 투어 일정이 있을 것이다. 이런 행사에
참여하면 지역에 찾아오는 철새에 대해 더 많이 배울 수 있다. 또한
외딴 지역에서 열리는 이벤트에 찾아다니면서 철새를 둘러싼 더
경이로운 체험을 하며 여행을 즐기는 방법도 있다.

그와 함께 여러분의 뒷마당이나 정원을 지나치는 철새도 놓치지 마라.
집 앞의 관목을 매일 자세히 들여다보고 우듬지(나무줄기의 윗부분)를
연구하고 그저 모이통을 바라보는 데 시간을 들이면서 어떤 새들이
찾아오는지 관찰해보라. 계절이 변하면서 찾아오는 새가 달라진다.
몇몇 손님은 잠깐 들렀다가 곧 자신의 여정을 지속할 것이고, 어떤
손님은 한 계절을 머무르기 위해 그곳에 적응할 것이다. 관찰 일기나
노트 혹은 체크리스트를 만들어 동네에 찾아온 새들의 이름과 움직임을
기록하는 것도 매우 흥미롭고 보람이 있다. 하루하루 관찰한 것을
나중에 다시 찾아보면 철새의 이주가 얼마나 정확하고 예측 가능한지,
그리고 이주하는 시기에 따라 그 패턴이 어떻게 달라지는지 새삼
놀라운 발견을 하게 될 것이다.

추천의 말

새와 다른 동물의 가장 큰 차이는 깃털이다. 매우 독특한 진화의
결과물인 깃털은 조류가 하늘의 지배자가 되는 데 결정적인 기여를
했다. 자유로운 비행이 가능해진 새들은 전 세계로 퍼져 나갔다.
한 지역에서 이동 없이 살아가는 텃새와 달리 철새는 뛰어난 비행
능력을 바탕으로 계절과 날씨, 먹이 자원에 따라 장거리 이동을 하면서
가장 좋은 서식처를 찾아다니는 생존 전략을 만들었다.

철새의 이주 행동은 놀라움으로 가득하다. 이들은 번식지와 월동지
사이의 수백, 수천 킬로미터나 되는 거리를 이동할 때 지도나
내비게이션, 나침반의 도움도 없이 정확한 장소를 찾아간다. 두루미,
고니, 기러기 종류 등 일부를 제외하면 많은 철새가 부모로부터 이동
방법과 경로를 배운 적도 없이 혼자 힘으로 그 일을 해낸다. 새끼
새들은 태어나서 어미로부터 독립하고 불과 한두 달 뒤에 아주 먼
거리를 날아 목표했던 월동지에 도착한다.

새들은 어떻게 이토록 놀라운 이주를 성공적으로 해내는 걸까? 우리는
철새 이동의 신비를 밝히기 위해 많은 노력을 하고 있지만 아직까지
극히 일부만 파악했을 뿐이다.

철새들이 뛰어난 비행 능력으로 장거리 이동에 성공하며 계속해서
후손을 남기고는 있지만 이들이 이주 과정에서 직면하는 도전과
위협은 크다. 장거리 이동은 체력적으로 힘든 도전일 뿐만 아니라 이동
중의 기상 변화, 이동하는 길목마다 기다리고 있는 포식자들 때문에
사망률이 높다. 최근에는 전 지구적인 기후변화, 개발과 매립에 따른
인위적인 서식지 파괴, 수질 오염과 벌목에 의한 서식 환경의 질 저하,
도시와 경작지 확장, 인공 구조물에 의한 충돌, 사람에 의해 도입된

외래종, 고양이와 같은 새로운 포식자의 등장, 밀렵과 남획 등 새로운 위협 요인이 급증하고 있다.

진화의 역사를 통해 지구 하늘을 정복한 철새들이 오랫동안 번창할 수 있었던 것은 장거리 이동에 의한 부담과 손해보다 이득이 컸기 때문이다. 이주 과정에 사망하는 숫자 이상으로 많은 후손을 성공적으로 키워냈기에 가능했다는 의미다. 그런데 최근에 등장한 새로운 위협들은 조류, 특히 철새의 생존에 심각한 위기를 불러오고 있다. 이 위협들은 대부분 사람에 의해 광범위하게 진행되고 있으며 과거에는 철새들이 마주치지 못했던 것들이다. 그로 인한 사망률이 점점 높아지고 철새 집단이 감소하고 있다는 연구 결과가 계속해서 발표되고 있다.

우리가 새들의 이주 습성에 대해 잘 알지 못하면 오늘날 세계의 철새들이 직면한 위기를 이해할 수도, 그들을 도울 수도 없다. 그런 점에서 이 책이 주는 정보와 메시지는 소중하다. 책 속에는 세계의 철새들이 살아가는 다양한 이야기가 담겨 있다. 철새가 이주하는 이유, 이동 방식, 길을 찾는 방법, 여정에 도사린 많은 위험 등 사람들이 철새에 관해 알아야 할 거의 모든 지식을 체계적으로 전해준다. 개체수가 점점 줄어들고 있는 철새들이 우리 곁에서 영영 사라지지 않도록 도우려면, 지금 그들이 처한 상황에 진지하게 관심을 가질 필요가 있다. 이제 막 새에 대한 호기심이 생긴 사람이나 탐조에 빠져 있는 사람 모두에게 이 책을 권한다. 그림도 아름다운 책《깃털 달린 여행자》가 철새의 생태를 이해하고 그들과 함께 지구를 여행하는 데 가장 좋은 안내자가 되어줄 것이다.

박진영_조류학 박사, <한국의 새> 저자

1 영명은 european robin.

2 영명은 american robin.

3 영명은 lazuli buntings.

4 영명은 laysan albatross.

5 2022년 세계조류목록(IOC World Bird List ver. 12.2)에 따르면 1만933종의 새가 기록되었다.

6 영명은 Rufous hummingbird.

7 우리나라의 경우, 물수리는 제주 지역에서 텃새로 서식하며 육지에서는 겨울 철새나 통과철새로 만날 수 있다.

8 영명은 purple gallinule.

9 영명은 Clark's nutcracker. 클라크는 이 종을 발견한 사람의 이름으로, 우리나라에서는 새의 특징에 따라 이름을 정하는 것이 낫다고 판단해 '회색잣까마귀'라고 이름 붙였다.

10 통과철새는 두 개의 주 서식지(주로 번식지와 월동지) 사이를 이동하는 경로 중에 한국을 지나가는 새를 말한다. 우리보다 위도가 더 높은 러시아, 중국 동북 지역, 몽골, 알래스카 등에서 번식하고 위도가 더 낮은 중국 남부 지역, 동남아시아, 호주 등에서 월동하는 철새로 봄과 가을 이동 시기에 만날 수 있다. 대표적인 종으로는 서해안 갯벌 지역에 많은 수가 도래하는 도요새 종류와 다양한 솔새, 딱새, 멧새류가 있다. 한편 여름철새는 봄에 한국에 와서 번식한 후 월동지로 이동해 겨울을 보내는 철새이고, 겨울철새는 한국보다 위도가 높은 지역에서 번식한 후 가을이 되면 한국에 와서 겨울을 지내는 철새다. 대표적인 여름철새로는 제비, 꾀꼬리, 뻐꾸기, 큰유리새, 황로 등이 있고, 겨울철새로는 두루미, 큰기러기, 가창오리, 재갈매기, 되새 등이 있다.

11 철새의 이동 및 출현 시기는 종, 지역, 위도와 경도에 따라 달라지므로 이 문장은 우리나라 기준에 맞게 수정해서 실었다. 참고로 저자가 쓴 원문에는 다음과 같이 적혀 있다. '(북미 지역에서) 탐조를 하는 사람들은 장거리를 이주하는 철새를 2월 초에, 빙 돌아가는 중간 정도 거리를 이주하는 철새를 6월에, 짧은 거리를 이주하는 철새를 11월에 볼 가능성이 높다.'

12 영명은 redhead.

13 영명은 rufous hummingbird.

14 영명은 blackpoll warbler.

15 영명은 great snipe. 그러나 꺅도요와 외형상 차이가 별로 없어서 분포 지역을 중심으로 '유럽꺅도요'라는 이름을 붙여주었다.

16 영명은 mistle thrush. 최근 한국에서도 미조(길 잃은 새)로 기록되어 정식 이름이 붙었다.

17 우리나라에서 흔하게 볼 수 있는 딱따구리들은 대부분 텃새이고 그중 붉은배오색딱따구리는 철새다.

18 영명은 ruby-throated hummingbird.

19 지금까지 알려진 조류의 최장거리 논스톱 비행 기록은 큰뒷부리도요가 2022년에 알래스카에서 호주의 태즈메이니아까지 11일 1시간 동안 1만3560km를 이동한 기록이다.

20 영명은 common reed-warbler.

21 영명은 common vermilion flycatcher.

22 영명은 northern parula.

23 영명은 common redstart.

깃털 달린 여행자

날고 뛰고 헤엄쳐서 대륙을 건너는 세계의 철새들

초판 1쇄 발행 2023년 2월 1일
　　2쇄 발행 2023년 11월 1일

지은이　　멜리사 마인츠
옮긴이　　김슬
펴낸이　　박희선

감수　　박진영
디자인　　디자인 잔
일러스트　　Katy Christianson

발행처　　도서출판 가지
등록번호　　제25100-2013-000094호
주소　　서울 서대문구 거북골로 154, 103-1001
전화　　070-8959-1513
팩스　　070-4332-1513
전자우편　　kindsbook@naver.com
블로그　　www.kindsbook.blog.me
페이스북　　www.facebook.com/kindsbook
인스타그램　　www.instagram.com/kindsbook

ISBN　　979-11-86440-96-4 (03490)